速食主义

上班族的美味营养餐

SU SHI ZHU YI

Nicole 著

U0332676

电子工业出版社

Publishing House of Electronics Industry

北京·BEIJING

图书在版编目（CIP）数据

速食主义：上班族的美味营养餐 / Nicole著. —北京：电子工业出版社，2014.11
（搜狐吃货书系）

ISBN 978-7-121-24174-1

Ⅰ.①速… Ⅱ.①N… Ⅲ.①菜谱 Ⅳ.①TS972.12

中国版本图书馆CIP数据核字（2014）第197386号

策划编辑：于军琴
责任编辑：郝志恒
特约编辑：张燕杰
印　　刷：中国电影出版社印刷厂
装　　订：中国电影出版社印刷厂
出版发行：电子工业出版社
　　　　　北京市海淀区万寿路173信箱　　邮编　100036
开　　本：720×1000　1/16　印张：12　字数：212千字
版　　次：2014年11月第1版
印　　次：2014年11月第1次印刷
定　　价：49.00元

　　凡所购买电子工业出版社图书有缺损问题，请向购买书店调换。若书店售缺，请与本社
发行部联系，联系及邮购电话：（010）88254888。
　　质量投诉请发邮件至zlts@phei.com.cn，盗版侵权举报请发邮件至dbqq@phei.com.cn。
　　服务热线：（010）88258888。

把吃饭当做最重要的事

对于像我这样朝九晚八的上班族来说，在平时工作日里属于自己的支配时间非常有限。如果想自己做顿丰盛的晚饭，那下班后首先要冲锋陷阵地去菜市场或超市拼杀，在被人挑拣一天剩下的不再新鲜的食材中勉强选出自己想要的，再火速赶回家中，冲进厨房，然后在最短的时间内搞定晚饭。

如果是一个人吃，那可以吃得随便简单；但如果是全家人等着吃，那恐怕就要与自己的精力和速度对决了，绞尽脑汁地去想如何利用最短的时间、以最快的速度筹备出一桌营养均衡的晚餐。久而久之，或许因为忙，或许因为累，再没有勇气这样大动干戈，快节奏的生活慢慢将吃饭变成最容易被忽略的事情。为了节省时间，很多人会选择叫外卖，吃食堂，去饭店，这样做虽然方便省事，免去了自己动手的麻烦，也不必担心饭后的清洁整理，但别人做的东西永远不会那么照顾自己的胃口，所以开始想念自家的饭菜，然而回家吃饭却变成了奢望的事。

如今的快餐、外卖的价格突飞猛进，然而安全卫生却越来越让人担心，即使质量能够保证，但那些重油重口味的饭菜吃得太多，也难免会给身体带来负担。与其担心害怕，还不如多花点心思做自己喜欢的健康速食，行动起来，就从自家吃饭开始改变吧。

记得刚刚开始下厨做饭的时候，我也常常会将厨房弄得鸡飞狗跳似的，做出来的菜要么吃着寡淡无味，要么色味浓重得辨不出原料，往事真是不堪回首。不过好在我当时没有放弃，失败反而激发了我的兴趣，从那时我就越来越喜欢待在厨房里琢磨，随着下厨的时间越来越多，慢慢地摸索出了适合忙碌生活的煮饭秘籍。

要想在短时间内吃到色香味俱全的饭菜，关键在于一点：准备工作要做足。首先是采购食材，对下班时间较晚的上班族来说，天天去买菜似乎有点困难，那不妨一周去两次，买一些适于长期储存的食材，比如根茎类、瓜类、肉类，这样下班后再提一捆青菜回家，就可以搭配得很好了。

其次，第二天的三餐其准备工作前一晚就可以开始了。如果想吃肉，又想够味，那么不要偷懒，最好提前一晚就把它们腌渍起来，这样无论第二天怎样处理，或炒、或煎、或烤、或炸，味道都不会差。那些不怕氧化的食材，可以提前洗净，放入保鲜盒，再放入冰箱冷藏，第二天切切下锅就行了。煮饭、煮粥、煲汤这些需要长时间制作的，就可以充分利用现代小家电啦，比如带预约功能的电饭煲、压力锅、慢炖锅都可以利用起来，这样一起床或一进家门，就可以立即享用热腾腾的米饭或汤粥。当然啦，如果没有也不怕，那就改喝快手汤，方便又营养。

无论时间多么紧张，无论生活多么忙碌，也不能忽略健康饮食，特别是那些承担全家人饮食健康的朋友，肩上满是甜蜜的负担。如何将日常饮食合理搭配，保证营养，是生活中的一门必修课，或许辛苦，但这些付出都是值得的。

5分钟可以吃什么

5分钟阳光早餐

颇具内涵的营养早餐：海苔鲜蔬吐司卷　　12
打造五谷杂粮的精致吃法：杂粮小饭团　　14
营造餐桌的简约之美：番茄鲜虾沙拉　　16

5分钟能量午餐

超级下饭没商量：辣白菜墨鱼仔　　20
洋菜中做的典范：香辣鳕鱼块　　22
炒蟹要选对品种：姜葱炒花蟹　　24

5分钟营养晚餐

高营养的低卡鲜汤：鲜美蛤蜊汤　　28
满口香的下酒小菜：韭香螺蛳肉　　30
应对忙碌的懒人餐：贡丸鲜蔬面　　32

5分钟休闲零食

节日必备的健康零食：椰香爆米花　　36
休闲时光的伴手小食：五香玉米脆片　　38
轻松上手的人气小吃：微波烤红薯　　40

10分钟可以做点儿啥

10分钟玩保养

不可小觑的鳝鱼素：双色豉椒溜鳝段　44

清热生津的解暑汤：冬瓜鲜贝汤　46

不做红眼睛的小兔：葱香青瓜熘肝尖　48

10分钟秀创意

香脆惹味的餐桌宠儿：香辣脆皮虾　52

饶舌三日的特色腊味：小炒腊猪肝　54

让人回味的秘制味道：酱烧肥牛粉丝　56

10分钟做便当

海陆两鲜的完美邂逅：蘑菇炒鱿鱼　60

上班族轻松营养大餐：酱烧鸡翅　62

不求章法的大口吃肉：湘式小炒五花肉　64

10分钟最家常

让人又爱又恨的美味：黑木耳爆腰花　68

红遍大江南北的湘味：农家小炒肉　70

暖心暖胃的贴心滋味：小萝卜炒牛肉片　72

一刻钟养生心经

缓解春困的最佳食材：银针牛肉片　　76
女白领的午后养生经：洛神花果茶　　78
增进食欲的米饭杀手：酸豆角炒鸡胗　　80

一刻钟颠覆传统

传统糍粑的另类吃法：私家香煎糍粑　　84
石破天惊的美妙滋味：腊鱼炖粉条　　86
电饭煲版的精致蛋糕：奶茶可可大理石蛋糕　　88

一刻钟可以玩花样

一刻钟秉承经典

非一般过瘾的苏菜经典：香脆油爆虾　　92
湖北同胞最难忘的吃法：香煎刁子鱼　　94
一勺酱带来的经典风味：秘制酱烧鲫鱼　　96

一刻钟拥有幸福

吃素吃出的缤纷心情：什锦素炒米线　　100
用简单幸福唤醒清晨：海苔鸡肉蛋卷　　102
平底锅打造烧烤滋味：孜然牙签肉　　104

半小时可以吃便饭

星期一，积蓄能量

剩米饭的华丽转身：开胃剁椒炒饭　　108
为嗜肉族打造便当：香煎黑椒鸡扒　　110

星期二，继续奋战

懒人的小资情调：鳕鱼鸡蛋饼　　112
滑嫩无比的鸡肉：甜辣鸡球　　114

星期三，舒缓压力

十分钟补钙早餐饼：虾皮韭菜黄豆饼　　116
补钙必备的传统菜：清鲜盐水虾　　118

星期四，黎明曙光

入选全球美食的粤风味：家常干炒牛河　　120
剩米饭打造"余粮满仓"：鲜虾碧玉生菜饭包　　122

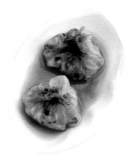

星期五，轻松上阵

又快又美味的南洋风味：咖喱牛肉盖浇饭　　124
挡也挡不住的鲜香诱惑：香辣海鲜锅　　126

菜单：（朋友小聚，凸显创意、个性、快捷）
主菜：冰花梅酱烧排骨＋果香红酒烤鸡翅
小吃：培根杂蔬卷

朋友小聚最欢乐

女士大爱的精致排骨：冰花梅酱烧排骨　　130
装点餐桌的异国情调：果香红酒烤鸡翅　　132
将聚餐热度推向高潮：培根杂蔬卷　　　　134

1小时可以吃大餐

菜单：（家人聚餐，凸显清淡、营养、健康）
主菜：沙葛炒鸡片＋改良版黄焖鸡
小吃：豉椒袖珍鱿鱼卷

陪陪家人尽孝心

拥有双重身份的大块头：沙葛炒鸡片　　　138
半小时搞定的宴客大菜：改良版黄焖鸡　　140
四两拨千斤的提鲜美味：豉椒袖珍鱿鱼卷　142

小菜挑动味蕾

童心未泯的伴手零食：三色沙沙配薯片　　146
实现味蕾的异域之旅：傣味柠檬鸡　　　　148

宴客根本不发愁

大菜当仁不让

人人都有私房菜：香草番茄烤鸡　　　　　152
团聚必备宴客菜：团团圆圆海鲜锅　　　　154

米饭变身可爱甜点：草莓米饭布丁　　158
平底锅打造下午茶：蓝莓水果小煎饼　　160

咸香脆的亲民零食：香脆花生米　　164
复制难忘的小零食：香辣土豆条　　166

富贵有"鱼"团年菜：豉汁菇片剁椒鱼　　170
新厨娘玩转美意年菜：银丝穿元宝　　172
恭贺新春"笑哈哈"：芝香椒盐虾　　174

拨动心弦的浪漫小菜：奶香玫瑰蛋饼　　178
令人沉醉的二人世界大餐：玫瑰酱烤虾　　180
永生难忘的亮点：水晶玫瑰布丁　　182

圣诞前奏：以甜蜜开场的糖霜桃仁　　186
圣诞序曲：挑动味蕾的缤纷火腿彩椒盅　　188
圣诞主乐章：冰花梅酱烤鸡翅　　190

1. 起晚啦！没时间吃早餐，狂奔去上班；

2. 刚刚到10点，就已经饿得前胸贴后背，无心工作；

3. 终于可以吃饭了，刚起身就感觉到眼冒金星、腿发软。

5 分钟可以吃什么

5 分钟
阳光早餐

吐司，你能想出有多少种吃法吗？切成丁烤得脆脆的，用来拌沙拉；切成块浸满牛奶液，用来烤布丁；切成片夹着火腿，做出口感丰富的三明治，稍稍花点小心思，吐司也能七十二变！

这款海苔鲜蔬吐司卷做起来一点都不费劲，只要早晨早起五分钟就可以搞定这么一份颇具内涵的营养早餐。那胖胖的吐司卷，一个个看起来很可爱，品味着这样萌的食物，可以快快乐乐地开启一整天的工作。

材料

主料：吐司 3 片
配料：干燥海苔 3 片、肉松适量、黄瓜半根、白芝麻适量
调料：低脂沙拉酱适量

准备

吐司片切去四边，并用手掌压实，黄瓜切丝；

私房秘籍

1. 一定要将吐司片切去四边并且压实，这样易于在后面的步骤中将其卷起；
2. 沙拉酱不宜抹得过多，以免卷时溢漏出；
3. 可以将沙拉酱换成自己喜欢的果酱，黄瓜也可换成别的时蔬，都是可以任意搭配的。

做法

① 将 1 片海苔放置于吐司片的中央；
② 将吐司片翻面，抹少许沙拉酱；
③ 在沙拉酱上再铺一层肉松；
④ 在肉松的正中央放一些黄瓜丝；
⑤ 将吐司片从一侧卷起，裹紧；
⑥ 收口向下摆放，在海苔表面撒几粒白芝麻。

打造五谷杂粮的精致吃法：

杂粮小饭团

五谷杂粮对我们的健康起着重要作用，善于养生的人们，知道五谷杂粮的营养性，更懂得如何搭配它们，将每一种粮食的营养和功效都发挥得淋漓尽致。即使我们不清楚它们各自具有什么样的功效，但也可以经常做一些杂粮饭，因为即使只品味它们的口感也是不错的。

这款杂粮小饭团别看它们个头小，但蔬菜、肉类、粗粮样样俱全，绝对是一道营养均衡的阳光早餐。

材料

主料：杂粮饭 1 碗

配料：熟玉米粒少许、火腿 1 块

准备

将火腿切成小丁；

私房秘籍

1. 煮杂粮饭时加入一些糯米，可使饭更具黏性，易于成型；

2. 如果使用罐装玉米粒，注意控干水分；

3. 可以使用隔夜饭做小饭团，造型之前最好将饭加热，因为冷饭不易成型。

做法

❶　将杂粮饭中加入玉米粒和火腿丁，混合均匀；

❷　戴上一次性手套，将混合后的杂粮饭捏成大小均匀的小饭团即可。

夏季，谁都不愿意在厨房里奋战，所以，即使对于我们大爱的餐桌，也崇尚一个原则：越简单越好。一顿菜肴，不仅做得省事，吃得也轻松，让做饭的人和吃饭的人都皆大欢喜。

沙拉是夏季餐桌的保留节目，不管是中式的还是西式的，相信每家都必不可少吧。简简单单几样菜，合理搭配在一起，调调味、拌拌匀，就可以开动了。完全零厨艺、零技术含量，味道却不打折扣，谁会不喜欢呢？

这款番茄鲜虾沙拉就适合出现在夏季的早餐桌上，味道清甜的小番茄，搭配高蛋白、低脂肪的虾仁，富含不饱和脂肪酸的大杏仁，再加上少许炒香的燕麦，清爽又健康，绝对是正能量的代言。

材料

主料：熟北极虾 6 只、甜豆荚 50 克、圣女果 6 个
配料：燕麦片 10 克、大杏仁 8 颗
调料：黄油 1 小块、橄榄油 2 汤匙、醋 1 汤匙、鱼露几滴、黑胡椒粉半茶匙

准备

熟北极虾洗净剥去外壳，甜豆荚去老茎，圣女果对半切开；

私房秘籍

1. 甜豆荚焯烫的时间不宜超过 1 分钟，否则会影响清脆口感；

2. 熟北极虾解冻即可直接食用，不必焯烫；

3. 炒燕麦片的黄油可用植物油替代，但口味会差一些，且没有奶香味；

4. 调料的配比可根据个人口味调整，喜欢什么样的味道就为自己量身打造什么样的调料。

做法

1 锅中放入 1 小块黄油，烧至熔化，加入燕麦片和大杏仁炒香；

2 将锅洗净，倒入水，待烧开，放入甜豆荚焯烫；

3 将橄榄油、醋、鱼露、黑胡椒粉调和均匀作为料汁待用；

4 将主料和配料全部混合在一起；

5 将调好的料汁倒在食材上，拌匀即可。

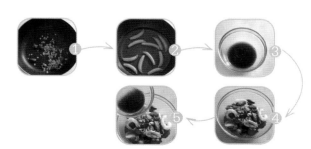

1. 吃得太荤太油腻，下午容易犯困；

2. 吃得太素太清淡，下午容易饥饿；

3. 最好荤素搭配，选择清淡又营养十足的海鲜类，
为我们提供充沛的精力来应对一下午的忙碌时光~

茄子

菠萝

对上班族来说，午餐似乎是一个困扰，吃什么？去哪儿吃？是每天中午都不得不思考的问题。恰恰午餐又很重要，它有着承上启下的作用，既补充一上午身体所消耗的能量，又为下午的辛苦打下基础，所以无论如何，吃午餐都马虎不得。

大多数人选择外卖，每天临近中午，写字楼里就会陆续出现穿着不同工作服的小哥小妹，提着饭菜飘香的篮子上下穿梭。叫外卖的好处在于方便，几乎不用出门，饭菜就送到嘴边，而且一般价格实惠，是懒人的最佳选择。不过毕竟是大锅饭，口味容不得讲究，而且为了节约成本，很多外卖的卫生和质量难以保证，长期吃容易引起膳食不均衡。所以建议常吃外卖的朋友，最好每天自备一些水果或原味酸奶，作为饭后补充，平衡营养的摄取。

爱热闹的人喜欢搭伙，一到中午就呼朋引伴，聚集到写字楼附近的小餐馆。这样既可以吃到多样的饭菜，又可以分摊费用，降低个人开销。但需要注意的是，餐馆的菜往往比较油腻，长期吃容易引起"三高"。所以建议搭伙吃饭的朋友，尽量多点蔬菜、豆制品或水果，减少油腻食物的摄入。

勤快的朋友往往会带便当，不过多数都是前一晚做好的饭菜，虽然看起来似乎比外卖、外出搭伙吃饭健康，但隔夜食物其实也不新鲜。如果做不到当天早晨现做，对食材的选择就要有讲究，不推荐鱼类、海鲜及绿叶菜，这类食物容易腐败变质、滋生细菌，严重甚至会引起中毒。蔬菜可选择芹菜、蘑菇、萝卜等，肉类则选择脂肪较低的牛肉、鸡肉等。

还有不少女性上班族，午餐就只吃些面包、饼干、水果等零食来充饥，坚持不到下班时间就饿得头昏眼花了，不仅降低了工作效率，长期也会对身体造成伤害，是最不可取的方式！

5 分钟
能量午餐

忘记是从什么时候开始迷上辣白菜的，只记得我的便当盒里辣白菜的出现频率越来越高。来不及花心思做菜的时候，用辣白菜炒个鸡蛋，简简单单，却浓郁之极，仅仅用它下饭，就吃得心满意足。天气寒冷的日子里，几片豆腐、几朵蘑菇、半包辣白菜，一起炖个小火锅，暖暖地吃到肚子里，哎哟，幸福死了！

除此之外，辣白菜与海鲜也是绝配，有如这辣白菜配墨鱼仔，鲜中透着辣，辣中带点酸，入口惊艳，回味生津。有了这一盘，什么配菜都不需要，只要一人添一碗饭，就可以吃得有滋有味。

简单的日子，简单的饭菜，不简单的，是心情。

超级下饭没商量：
辣白菜墨鱼仔

材料
主料：墨鱼仔 300g、辣白菜 100g
配料：青、红尖椒各 1 个，姜 1 块
调料：油少许

准备
青、红尖椒切片，姜切片；

私房秘籍

1. 如果自己不会处理墨鱼仔，最好在买的时候就让师傅帮忙处理干净；
2. 墨鱼仔不要炒太久，否则会使其口感变老；
3. 辣白菜中含有盐分，所以在炒制过程中无须另外加盐；
4. 也可以将墨鱼仔换成鱿鱼，方法一样，味道也很棒。

做法
① 锅中倒少许油，待烧热后放入姜片爆香；
② 放入墨鱼仔，翻炒约 1 分钟；
③ 加入青、红尖椒片，继续翻炒 2 分钟；
④ 放入辣白菜，炒匀。

鳕鱼通常在西餐中出现的次数比较多，可我觉得常见的西式做法吃起来口感都略显清淡，突然想换换口味，来个中式的香辣做法，于是在做的过程中加入了劲爆的红辣椒和辣酱，一起爆炒。尝试之后发现，原本无味的鳕鱼肉，在香辣气息的熏染中，瞬间有了提升，变身为一道倍受欢迎的下饭菜。

经过改良的洋菜做法，推荐嗜辣的同学试试这道菜，保准过瘾，非一般下饭菜呐。

材料

主料：鳕鱼 150g

配料：红辣椒 1 个、小红尖椒 2 个、蒜 3 瓣、姜 1 小块

调料：油适量、辣椒酱 1 大勺、盐少许、鸡精适量

准备

鳕鱼洗净，切块；姜、蒜去皮，切小块；红辣椒、小红尖椒洗净，红辣椒切片，小红尖椒切段；

私房秘籍

1. 可以将鳕鱼切块时切大一些，因为小块在炒的过程中易碎；

2. 鳕鱼易熟，不需要烹制过久；

3. 小红尖椒是提味的，不太能吃辣的人可以选择不放。

做法

① 锅烧热，倒适量油，待油热后放入姜块、蒜块、小红尖椒段爆香；

② 闻到香味后放入辣椒酱；

③ 炒匀后放入鳕鱼块；

④ 继续翻炒 3 分钟，放入红辣椒片；

⑤ 加入盐和鸡精，翻炒均匀。

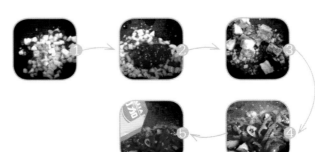

喜欢吃海鲜的朋友都知道，除了原汁原味的清蒸蟹，炒蟹也是尽现螃蟹鲜美滋味的一种常见做法，而且蟹肉用油炒过后，香味也能增加不少。不过，看似简单的炒蟹，其实也不是那么随便一炒就了事儿的，说起来其中有不少门道。

首先是选蟹，通常炒蟹都用花蟹，因为花蟹肉嫩清甜，而且壳不算太硬，比较容易用牙齿咬开，吃起来很方便。花蟹，也叫梭子蟹，蟹壳一般有灰蓝和红色两种颜色，红色的肉会更多一些，而我买的是这种灰蓝色的，据说味道更鲜美。

其次是搭配，姜葱炒花蟹是比较常见的搭配方法，因为材料简单，不会抢了蟹的鲜味。其实，搭配的材料可以根据个人喜好选择，从而做出不同口味的炒蟹，比如咖喱炒蟹、花菇炒蟹也都是非常过瘾的，不过我最爱的还是这款简单但最新鲜的姜葱炒花蟹。

材料

主料：花蟹 3 只

配料：姜 1 块、大葱 1 根

调料：油少许、盐适量

准备

用小刷子将蟹壳、蟹肚、蟹腿等部位刷洗干净，剪去白色的鳃及两侧的沙袋，除去肠，然后再用水冲洗干净，用刀斩成大块；姜、大葱切片；

私房秘籍

1. 蟹在除去外壳后再用水清洗的话，腥味会比较大，所以要在处理之前将蟹冲洗干净；

2. 蟹拆解的大小视自己的喜好而定，但最好不要太小，炒碎就不好吃了；

3. 海鲜比较易熟，不要烹制太久，肉熟即可，以免影响肉质；

4. 最后加锅盖焖几分钟，可以使蟹更入味。

做法

❶ 锅中倒入少许油，加热后放入大葱片、姜片，爆出香味后，放入花蟹块；

❷ 炒至花蟹变色，加入适量盐；

❸ 炒匀后熄火，加锅盖闷 2 分钟；

❹ 2 分钟后，重新翻炒均匀，起锅装盘。

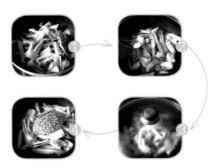

要减肥，晚餐不能不吃，不能只吃水果餐，要均衡饮食、清淡营养才是王道。

1. 为了减肥，晚餐不敢吃淀粉；

2. 美味的肉，更是看都不敢看；

3. 只有大口大口吃水果；

4. 结果肥没减掉，反而由于长期营养摄入不足，人也变笨了。

提前做足功课，合理分配时间，半小时搞定晚餐

忙碌的日子中，一日三餐不仅是必需的营养补给，在一定程度上也是缓解压力的方式，中午可以借吃饭的机会跟同事增进感情，晚上可以借做饭的机会为自己放松心情。不过，对于上班族来说，每晚做饭的时间并不多，或者可以说很紧张，所以，只有那些营养、快手的菜，才是适合上班族的菜。

快，并不意味着简，从毕业到现在的工作打拼中，让我研究出不少既简单、又营养、味道也不错的懒人菜，从进家门到饭菜上桌，最多不超过半小时。

这其中的秘密，在于提前做足功课。早晨出门前想想晚上吃什么，如果想吃大菜，那一定要将肉类从冷冻室移到冷藏室解冻，晚上下班进门，第一件事就要腌渍解冻好的肉类，然后淘米煮饭，饭入锅后开始做菜，待米饭煮熟，菜也差不多熟了，可以幸福开动。

如果忘记了提前做工作，那就选择一些快熟的食材，比如鸡肉、海鲜、各式蔬菜等，只要搭配得当，也可以迅速变出一桌美味。或者干脆借助现代小家电，如今的电饭煲、慢炖锅、高压锅……很多都有预约功能，上班前设置好程序，下班回来推开门就有美味在厨房里飘香了。

需要注意的是，晚餐尽量清淡一些，不要吃得过于油腻。因为如今的上班族多是久坐族，很少有机会运动，而且晚饭一般吃得也比较晚，吃油腻了很难消化，久而久之不仅会堆积肥肉，也会为身体带来负担，危害健康。

5 分钟
营养晚餐

高营养的低卡鲜汤：

鲜美蛤蜊汤

蛤蜊是物美价廉的海产品，别瞧它小，这小小的一丁点肉，不仅肉质鲜美，营养也颇为全面，素有"天下第一鲜"的美誉。在有些地方甚至还流传着"吃了蛤蜊肉，百味都失灵"的说法，真可谓鲜到极致。

营养丰富的蛤蜊，卡路里却很低，是一种低热能、高蛋白的理想减肥食品，所以对于热衷瘦身的朋友来说，绝对是解馋的不二之选。此外，蛤蜊还具有滋阴润燥、利尿消肿的作用，很适合女性哦！

材料

主料：蛤蜊 300g
配料：金针菇 100g、海带结 50g、姜丝少许、葱末适量
调料：鸡汁 1 小勺

准备

蛤蜊用清水浸泡，然后滴入几滴香油帮助其吐沙；

私房秘籍

1. 用蛤蜊做汤一定要提前让蛤蜊吐净泥沙，否则会严重影响口感；

2. 泡蛤蜊时，水中加入几滴香油，会使蛤蜊的吐沙效果更好；

3. 鸡汁可用自己熬制的高汤代替，但注意不要太浓，否则会抢了蛤蜊的清鲜味道；

4. 鸡汁中已含有盐分，所以可根据个人口味来决定是否加盐。

做法

① 将金针菇切去根部，然后洗净；姜切丝；

② 锅中放入姜丝，倒入足量清水；

③ 加入 1 小勺鸡汁，搅匀，用大火烧开；

④ 汤滚开后，放入蛤蜊；

⑤ 煮至蛤蜊打开后，放入海带结；

⑥ 煮 2 分钟，放入金针菇，搅匀后继续煮 1 分钟，关火，加入适量葱末。

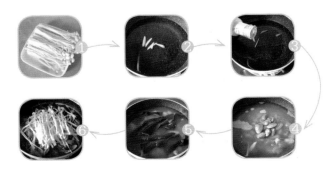

此款韭香螺蛳肉是极用心做的，所有的搭配都具有点睛作用。为了缓解螺蛳肉的些许腥气，同时也为了更提味，除了鲜上加鲜的韭菜，还加了少许酸菜丁。酸爽的味道与鲜味结合，成就了完美的口感。红尖椒除了用做点缀外，更因为自己本身喜欢吃，而且这种胖胖的红尖椒一点都不辣，吃起来味道甜甜的。

这一小碟螺蛳肉，下酒最合适了，用筷子夹几粒螺蛳肉，再抿一口杯中酒，多滋润。不过，既然我不喝酒，那就吃得过瘾些吧，一粒粒夹太费劲了，直接上勺舀着吃，一嚼满口香，相当过瘾。

材料

主料：螺蛳肉 100g、韭菜 50g
配料：红尖椒 2 个、酸菜 1 小棵、蒜 4 瓣
调料：油少许、生抽 1 茶匙、辣椒酱适量

准备

韭菜切段，红尖椒、酸菜、蒜均切末；

私房秘籍

1. 螺蛳肉一定要用流水清洗干净，以免有异味；

2. 加入酸菜非常提味儿，最好不要省略；

3. 酸菜中含有盐分，故制作过程中不需要再额外加盐；

4. 辣椒酱的用量根据个人口味而定，喜欢吃辣的朋友可以多加一些。

做法

① 锅烧热后，加少许油，待油烧热后放入蒜末；
② 煸炒出香味后，放入螺蛳肉；
③ 炒至螺蛳肉变色，加入红尖椒末、酸菜末；
④ 加入 1 茶匙生抽；
⑤ 炒匀后放入韭菜段；
⑥ 加入适量辣椒酱，翻炒 1 分钟。

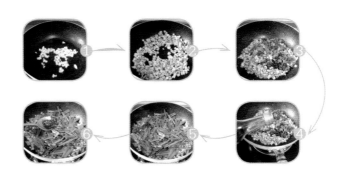

对于工作忙碌的朋友来说，下班后匆匆赶回家去再准备一顿大餐恐怕是不现实的，效率对于上班族显得尤为重要，所以即使想在家吃到味美可口的饭菜也总有种力不从心的感觉。想象一下，忙碌一天归家的人，如果能快速吃上热腾腾的饭菜，那收获的不仅仅是温暖，更多的还有感动。不需要多隆重、多烦琐，仅仅是一顿健康营养的简餐，便足以温暖自己和家人的胃，它的作用不仅仅在于饱腹，更会带来幸福心情。

我为大家介绍一款自己很喜欢的营养汤面：贡丸鲜蔬面，它做起来快捷方便，非常适合忙碌的朋友。这不到 5 分钟就可以搞定的一餐有汤、有面、有肉、有菜，营养绝对超值，而且一次可尝尽多种口感，懒得做饭的时候，不如就来这一碗汤面吧，别提多满足了。

材料

主料：碱水挂面 50g、贡丸 6 个、嫩芥蓝 2 棵
配料：清水 750ml、香葱末少许
调料：菌菇口味浓汤宝 1 块

准备

锅中加入 750ml 清水，烧开后加入浓汤宝，搅拌至完全熔化；

私房秘籍

1. 浓汤宝的味道很浓，所以清水量不要太少；
2. 青菜和贡丸都比较易熟，不要煮太久；
3. 青菜的种类可以根据个人喜好选择；
4. 浓汤宝的味道已经很鲜美，不需要再添加任何调味料。

做法

① 汤略煮滚后，放入嫩芥蓝和贡丸；
② 当汤再次煮沸后，放入挂面，煮约 5 分钟，加入香葱末即可。

1. 女生爱吃零食，都不好意思说出来耶~

2. 可是超市里买来的零食，一边吃，一边还要与罪恶感作战；

3. 不如自己动手做一些简单又健康的小零食吧；

4. 可以与闺蜜一起分享，边吃边聊，无比惬意~

做零食的材料 - 泡
打粉、各种果料

做零食的材料 - 细
砂糖、细盐

做零食的材料 - 面粉、鸡蛋

每每节日到来，最走俏的就是超市里那些休闲小零食了，进了超市，满眼都是琳琅满目的休闲食品，光是品种就让人看得眼花缭乱。说实话，这些零食的包装是一年比一年精美，价格也是一年比一年高了。即便如此，休闲零食还是非常受欢迎的，特别是那些五光十色的新品种，总能吸引更多目光。

无论大人孩子，都喜欢图个喜庆、凑个热闹，每逢过年、过节、聚会等这类亲朋好友扎堆儿的时刻，大家都愿意准备一些各色食品，边聊边吃，拉近彼此的距离，增加节日的气氛。特别是如今网购越来越成熟，足不出户就可以等待各种物品翩然飞来，极大地方便了时间有限的人，也正因为如此，越来越多的朋友开始把淘零食作为一种生活乐趣。

虽然大多数零食都打着天然、绿色、健康的旗号，但频频爆出的食品安全问题，让人不得不开始担忧食物真正的质量。况且，不少休闲食品只重口味、没什么营养，即便对身体无害，吃多了对健康也无益。

为了烘托节日气氛，零食当然还是要准备的，不如自己动手做些健康小零食，在享受美味的同时，还可以体验 DIY 的乐趣。更重要的是，自己动手，让家人和朋友吃得放心，让节日真正地快乐起来。

做零食的材料 - 黄油、牛奶

兔年吉祥（1
作者：胖兔子

爆米花，几乎人人都吃过的小零食，看电影、看电视、看现场比赛等在很多热闹的场合，都少不了这香香脆脆的小东西。虽然，这不是什么必需之物，但有了它，气氛就大不一样了，可以在原本轻松的心情上再增添几许快乐。而

且，这香甜好吃的爆米花不仅女孩爱不释手，男孩也一样喜欢吃，确实是广受大众欢迎，那么要是自己能在家随手做出一份口感鲜美的爆米花，岂不是美事一桩！

无论哪种爆米花，通常为了追求口感，奶油和糖的用量都不会含糊，常常会让我们一边吃，一边后悔。为了告别这种矛盾的状态，还是自己动手吧，这香喷喷的零食，做起来非常简单，借助微波炉，几分钟就可以轻松搞定，听着炉里噼噼啪啪的声音，伴随着扑鼻的奶香，真是甜蜜的享受。

材料

主料：小玉米粒 30g
配料：黄油 20g、细砂糖 10g、椰蓉适量

准备

黄油切成小块，放在可用微波炉加热的玻璃碗中；小玉米粒吹去浮尘，放入一个可用微波炉加热的带盖大容器中（盖子上要有气孔）；

私房秘籍

1. 爆玉米花的玉米粒需要比一般普通的玉米粒小，通常呈圆锥形，一般在农贸市场可以买到；
2. 玉米粒最好不要一次放太多，铺满容器底就好，否则不容易爆开；
3. 爆玉米花的过程中，不要打开微波炉，直到听不到噼啪声再打开微波炉即可；
4. 爆好后，趁热撒上自己喜欢的调味剂调节味道。

做法

① 将盛放黄油块的小碗送入微波炉，用小火加热 1 分钟，至黄油全部熔化；

② 将熔化的黄油倒入盛放玉米粒的容器中；

③ 加入细砂糖，充分搅拌均匀，盖上盖子，将容器移入微波炉，用高火加热 3 分钟左右；

④ 取出容器，趁热加入适量椰蓉，摇晃均匀，将爆米花倒出，稍凉后就可以吃了。

玉米脆片是很常见的一种东西，超市里或是菜市场都很容易买到，但注意这里说的不是可以直接吃的薄薄的脆片哦，而是通常跟粮食放在一起卖、有点厚厚的那种。这种玉米脆片是不可以直接吃的，很多人用它来煮粥喝，其实，也可以用它做出许多小零食。

像这款五香玉米脆片就十分合适。脆脆的玉米片，带着五香味，绝对是超级受欢迎的手边小零食。看电视、做家务，手里闲了的时候抓几粒，嚼起来咯嘣咯嘣的感觉，太过瘾了。如果做给小孩子吃，还可以加糖，做成甜味的，或根据个人喜好加一些果仁、果干之类，口感会更加丰富，而且健康卫生，吃着放心。

材料

主料：玉米片 100g、生鸡蛋 1 个
调料：食盐少许、五香粉适量、牛肉粉少许、油适量

准备

将生鸡蛋打入碗中，打散搅匀；

私房秘籍

1. 要使用那种不可直接食用的、较硬的玉米片；

2. 油不能太少，至少要达到玉米片量的 1/4，否则容易潮；

3. 加入蛋液后，玉米片需要多炒一会儿，以免达不到香脆的口感。

4. 刚出锅的玉米片不会很脆，但凉凉后就变酥脆了。

做法

① 将蛋液倒入玉米片中；

② 根据个人口味加入少许食盐；

③ 再加入适量五香粉；

④ 加入少许牛肉粉，一起搅拌均匀，使每个玉米片上都裹满蛋液；

⑤ 锅中倒入适量油，烧至四五成热时，放入玉米片，用铲子快速滑散，不停翻炒至玉米片逐渐变干；

⑥ 将玉米片放入盘中，放进微波炉，用 700W 微波火力加热 2 分钟，凉凉后食用。

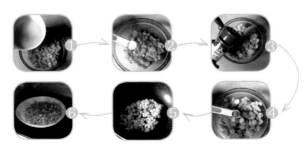

走在热闹的大街上，经常可以闻到烤红薯的香气，这美味诱人的街边小吃，会让人不知不觉停下脚步。特别在寒冷的日子里，捧一个热腾腾的烤红薯在手上，会有一种极大的满足感。利用微波炉，仅仅需要三五分钟，热腾腾的烤红薯就可以出炉啦，非常简单。

材料

主料：外形匀称适中的红薯 1 个

准备

红薯洗净，包裹几层餐巾纸或厨房纸；

私房秘籍

1. 把红薯用餐巾纸和报纸包裹起来是为了保持水分；

2. 不要加热太久，以免烤得太干，影响口感。

做法

① 外面再包裹两层报纸；

② 放入微波炉，700W 微波火力加热 3 分钟，取出用筷子插入，如果插得动，说明已经熟了，如果插不动，就继续加热 1~2 分钟。

1. 每天的脸蛋保养不能松懈;

2. 时而的身材保养陶冶身心;

3. 不过光靠外在可不行,内在的饮食保养也不能忽略哦,保养由内而外,美丽才能由心而生!

10 分钟可以做点儿啥

不可小觑的鳝鱼素：

双色豉椒溜鳝段

鳝鱼中含有的一种叫做"鳝鱼素"的物质，可以调节血糖，对糖尿病有不错的疗效，加上脂肪含量低，是糖尿病患者的理想食品。此外，鳝鱼的维生素 A 含量也高得惊人，常吃可以改善视力。

材料

主料：大黄鳝 1 条
配料：青尖椒 1 个、红尖椒 1 个、芹菜 1 颗、姜 3 片、蒜 3 瓣
调料：豆豉 1 大勺、海鲜酱油 1 大勺、橄榄油 2 茶匙

私房秘籍

1. 鳝鱼的黏液非常滑，去骨时很容易划伤手，没有经验的话，最好买时让摊主帮忙去骨；
2. 海鲜酱油可用其他酱油代替，但注意用量，海鲜酱油中含盐量略少；
3. 酱油和豆豉中都含有盐分，无需再加盐；
4. 配菜还可根据个人口味任意搭配。

做法

❶ 黄鳝洗净、切成鳝鱼段，青、红尖椒切块，芹菜切段，姜切丝，蒜切片；

❷ 锅烧热，放入橄榄油，待油烧热后，放入姜丝、蒜片爆香；

❸ 放入鳝鱼段煸炒；

❹ 炒至鱼肉变色，放入青、红尖椒块，芹菜段；

❺ 翻炒 1 分钟，加入酱油；

❻ 最后加入豆豉，炒匀即可。

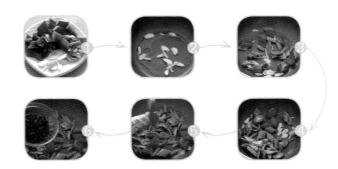

10 分钟

可以做点儿啥

45

冬瓜性寒味甘，具有很好的清热生津、消暑除烦功效，适当多吃些冬瓜，可以起到解暑消渴、清热利尿的作用。

除了冬瓜肉，冬瓜的外皮也具有很好的利水作用，而且富含营养物质，如果可以接受，最好不要将外皮去掉。

仅仅花十分钟，就可以煮一碗新鲜的冬瓜鲜贝汤啦，夏日里煮起来，我们一起喝汤，一起驱散暑热，安然迎接秋日的到来。

材料

主料：冬瓜 150g、干贝 6 个、虾干 6 个

配料：姜 2 片

调料：油 1 大勺、盐少许、鸡精少许

准备

干贝、虾干用清水泡发，冬瓜去皮、切片；

私房秘籍

1. 冬瓜皮具有很好的利水作用，大人吃最好不要去皮，但是考虑到宝宝的肠胃娇嫩，最好将皮去掉；

2. 干贝和虾干属干货，使用之前需泡发；

3. 冬瓜煮制的时间可根据个人喜好和口感调整；

4. 盐和鸡精的用量根据宝宝的口味调节。

做法

① 将锅中油烧至六成热，放入姜片煸香，再放入冬瓜片一同煸炒；

② 加适量水，烧至沸腾；

③ 加入泡好的干贝和虾干，继续煮8分钟左右；

④ 最后加少许盐和鸡精调味即可。

古书中有记："久视伤血"，这里的"血"指的是肝血。所谓"肝藏血"，即肝脏具有贮藏血液和调节血量的功能，而"肝开窍于目"，即双眼受到肝血的给养才能视物，肝血亏虚，双目得不到营养供给，就会出现眼睛干涩、视物模糊、夜盲等问题。而过度用眼，消耗的恰恰也是肝血。

电脑一族为了缓解眼睛的健康隐患，护肝养血是重中之重。日常饮食中，适当吃些猪肝、鸡肝等动物肝脏，同时补充牛肉、鲫鱼、菠菜、荠菜等富含维生素的食物；平时，再用菊花、枸杞子泡泡茶，皆有明目的功效。

不做红眼睛的小兔：
葱香青瓜熘肝尖

材料

主料：猪肝 100g、青瓜 1/2 根、鸡蛋 1 个
配料：大葱 1 根、姜 1 小块、蒜 2 瓣
调料：油少许、盐适量、鸡精少许

准备

猪肝洗净、切片，青瓜洗净、切成半圆薄片，姜、蒜切末，大葱切片；

私房秘籍

1. 猪肝用蛋清腌渍，可以使口感更加软嫩；
2. 猪肝宜熟，炒至变色即可，老了会影响口感；
3. 炒猪肝不要忘记加入大葱，这样可以去除腥味。

做法

① 猪肝浸入蛋清，用手抓匀，腌渍 5 分钟；
② 锅烧热，放少许油，油热后放入姜蒜末爆香；
③ 加入青瓜片，翻炒均匀；
④ 放入腌渍好的猪肝；
⑤ 翻炒至猪肝变色；
⑥ 加入适量盐；
⑦ 翻炒均匀，放入大葱片；
⑧ 最后加入少许鸡精，翻炒均匀即可；

1. 太冷的时候，裹着被子都发抖；

2. 做菜的时候加点辣椒，驱驱寒；

3. 身体暖，精神也足了，得意起来啦~

芹菜叶切碎摊蛋饼，别有风味

　　我在厨房里，不喜欢循规蹈矩，不喜欢墨守成规，不喜欢简单重复。相反，我喜欢随心所欲的创意，常常不按常理出牌，虽不求章法，但往往收获更多惊喜，无论身心都会得到满足，我想，这才是下厨的真正乐趣。

　　有一阵子，我疯狂喜欢白萝卜，炒的、炖的、煮的，几乎天天都在吃。有的朋友可能会担心，总吃一样的东西，难道不会产生审美疲劳吗？放心吧，我从不担心这一点，哪怕是同样的食材，无论味道和造型，我都可以让它变出很多花样来，乐此不疲地开发新做法，并且乐在其中。

　　再比如，对于经常做饭的人来说，厨房里难免会有边角料剩余，而我最大的乐趣之一，就在于为这些鸡肋找到合适的利用方法。遇到我，这些零零碎碎的边角料永远不用会有落进垃圾桶的命运，会被当做宝贝一样找到合适的安身之处。

　　而我，则很享受这种拼拼凑凑的做菜方式，看似毫无联系的材料，凑在一起，说不定就擦出了创意的火花。如果搭配得恰到好处，造型、味道都成功，那绝对比正儿八经准备的一道大餐还让人有成就感。原因很简单，我喜欢惊喜！

西瓜皮切丝凉拌，爽口解暑

辣椒是个好同志，富含多种维生素，具有很多食疗作用。尽管如此，并不是人人都适合吃辣椒，一到冬天容易手脚冰凉、血液循环不好的同学可以适当多吃点辣，但阴虚火旺，患有胃溃疡、食道炎等症状的同学可要谨慎一些了，因为辣椒对胃肠黏膜、口腔等都有一定刺激作用，过多吃辣椒，可能会出现胃肠炎、口腔溃疡，咽喉炎等症状。另外，由于北方的冬天气候干燥，身体本来就容易上火，更要少吃辣椒，以免"火上浇油"。

在我的印象里，香辣虾应该是一道川菜，但近几年却迅速走红，跨越大江南北，貌似在哪个城市里都能见到它的身影。自己做也不难，十分钟之内完全可以搞定，关键之处是在炒制的过程中，最好将新鲜辣椒和干辣椒搭配在一起用，不同辣味的混合，不仅香脆味浓，更让人回味无穷。

香脆惹味的餐桌宠儿：
香辣脆皮虾

材料

主料：新鲜虾 300g

配料：青尖椒 1 个、红尖椒 1 个、葱 1 段、姜 1 小块、蒜 2 瓣、干辣椒 30g

调料：油 1 大勺、盐少许、糖少许

私房秘籍

1. 该菜最好趁热吃，刚出锅时很香脆；

2. 挑虾线的时候，在虾尾的倒数二三节之间，用牙签挑一下，可以轻松将整条虾线挑出；

3. 干辣椒的用量根据个人喜好适当增减。

做法

① 青、红尖椒切圈，葱姜蒜切片，干辣椒切碎。将虾挑去虾线，剪去虾须和虾脚，清洗干净；

② 锅烧热，放油，待油烧热后，放入干辣椒爆香；

③ 加入虾，翻炒至虾变色；

④ 放入青红椒和葱姜蒜；

⑤ 继续翻炒 1 分钟，加少许盐；

⑥ 加少许糖，翻炒均匀即可。

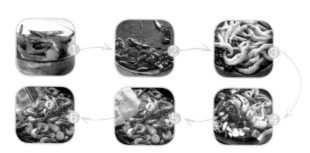

我国中部往南的地带，其实有不少地方都有冬季晾制腊味的习俗，但不同地域的做法不同，味道也不一样。我最早吃过的腊肉，是一位四川同学带给大家的，麻辣味的，而且是熏制过的。来广东后吃的腊味偏甜一些，而且略微有那么点酒香。而湖北的腊味则偏咸，且不会熏制。

这道腊猪肝就来自湖北，虽然腊味家会做，但腊猪肝可不是家家都有，尤其珍贵。与新鲜的猪肝相比，腊猪肝更有嚼劲，而且多了那股特殊的干香味，与辣椒同炒，是我能想到最有滋味的吃法。

材料

主料：腊猪肝 1/2 块
配料：红椒 1 个、蒜苗 1 根、黄瓜 1/2 根
调料：油 1 大勺

准备

腊猪肝洗净，用清水浸泡半小时左右；

私房秘籍

1. 腊味都会比较咸，提前浸泡可去除表面盐分；
2. 因为腊猪肝中含有盐分，无需另外加盐；
3. 为了保持腊味特有的干香，不再添加其他调味料。

做法

1. 腊猪肝、黄瓜、红椒分别切片，蒜苗切段；
2. 锅中加入油，待油烧热后放入腊猪肝；
3. 炒至腊猪肝变色，放入黄瓜片；
4. 翻炒 1 分钟，放入蒜苗和红椒，炒匀即可。

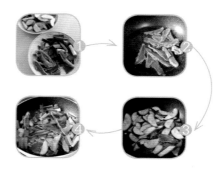

粉丝本身是没什么味道，但是不管与哪种食材搭配，都可以做出出乎意料的美味，我做过的粉丝菜不下十种，或清鲜、或浓郁、或咸香就是这么随和，让人没法不爱。

这款酱烧肥牛粉丝，为啥说是秘制呢？因为纯粹是自由混搭，毫无章法，却打造出让人难忘的味道来，实在值得纪念。肥牛的软嫩、粉丝的绵滑，融合到一起，不分你我的那种口感，太让人回味了，自此，我家又多了一道秘制私房菜。

材料

主料：肥牛 300g、胡萝卜 1 根、粉丝 1 把
调料：油 1 大勺、葱姜蒜粉少许、香辣酱适量

准备

胡萝卜洗净、去皮，擦成丝；

私房秘籍

1. 肥牛最好先用热水焯烫，洗去浮沫后再进行下一步操作；

2. 胡萝卜丝也可与肥牛、粉丝同炒；

3. 粉丝切段后使用，更方便食用；

做法

① 锅中烧水，待水开后放入粉丝焯烫；

② 将烫好的粉丝捞出，过冷水；

③ 另起锅烧水，水开后放入肥牛，待肉变色后捞出，洗去浮沫；

④ 另起锅，放入少许油，待油烧热后放入胡萝卜丝；

⑤ 焯软之后盛出，铺在盘中；

⑥ 锅中重新倒入油，烧热后加入少许葱姜蒜粉；

⑦ 然后放入肥牛片，翻炒均匀；

⑧ 粉丝切几刀，放入锅中，迅速炒匀；

⑨ 放入适量香辣酱，翻炒均匀即可。

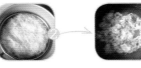

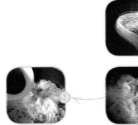

1. 无论是普通的泡沫快餐盒，还是高级一些的环保材料快餐盒，都不适合用来带便当，因为它们不适合二次加热；

2. 塑料便当盒造型多样，色彩也丰富，但不建议用做便当盒，多次加热后容易变形；

3. 耐热玻璃材料的便当盒是不错的选择，干净卫生，加热也不会产生有害物质，适合带饭一族；

4. 如果公司没有热饭的微波炉，可以选择保温饭盒，或可以通电加热的便当盒。

【营养均衡便当】荷兰豆腊
肠炒米线 + 水果沙拉 + 坚果

【异域风味便当】韩式拌饭
+ 黄瓜卤蛋沙拉 + 小金橘

【低脂能量便当】姜葱鸡 +
紫菜饭团 + 苹果 + 圣女果

【平民食材便当】锅巴土豆
+ 玉米小煎饼 + 鲜蔬沙拉

【补脑健脑便当】酱烧鱼块
+ 红豆燕麦杂粮饭 + 紫菜蛋
花汤 + 香橙

【滋阴润肺便当】银耳炒香
肠 + 火腿蛋卷 + 玉米饭团 +
水果

10分钟
做便当

蘑菇与海鲜搭配是我很喜欢的组合，一个是陆上之鲜，一个是海中之鲜，二者结合，鲜上加鲜，想不好吃都难。鱿鱼是海鲜之中比较讨人喜欢的类型，口感Q韧、无爪无刺，很适合懒人。

抛开美味不谈，鱿鱼除了富含蛋白质和人体所需的氨基酸外，它还含有大量的牛黄酸，这是一种可以抑制血液中胆固醇含量的成分，能够缓解疲劳。所以，工作比较辛苦，容易劳累的上班族们，可以适当多吃点鱿鱼。

蘑菇炒鱿鱼，名副其实的海陆两鲜邂逅，味道的鲜美不必多说，营养也不含糊，是一款老少皆宜的家常菜。

海陆两鲜的完美邂逅：
蘑菇炒鱿鱼

材料

主料：鱿鱼300g、白蘑菇100g
配料：大葱1根、姜1块、青红椒适量
调料：油1大勺、盐少许

准备

鱿鱼洗净后打交叉花刀切菱形片，白蘑菇切片，大葱斜切段，姜切片，青红椒切圈；

私房秘籍

1. 鱿鱼等海鲜有少许咸味，为保持鲜美口感，加少许盐调味即可；

2. 若不爱吃辣味儿，可省去青红椒不放；

3. 鱿鱼不可炒制过久，以免严重缩水，口感变老。

做法

① 锅中放入油，烧至七分热，放入姜片，煸炒半分钟，再放入大葱段，煸炒出香味；

② 放入蘑菇片，翻炒2分钟；

③ 放入鱿鱼，继续翻炒2分钟；

④ 放入少许盐调味；

⑤ 再放入青红椒圈；

⑥ 大火翻炒至汤汁收干即可。

朝九晚八的上班族不容易，天天坚持自家做饭、自带便当的上班族更加不容易，时间紧张不说，往往一天的工作结束，身心都非常疲惫。所以对于我们来说，既要提倡健康，又要照顾胃口，还真需要好好计划安排。一句话，做菜追求三项基本原则：快、简单、合胃口。

我喜欢用压力煲做饭，不仅快，营养也不含糊，原汁原味。做肉时无需加水，在加热的过程中，食物中的水分会渗出来，再利用这些原汁来烹制食物，那味道怎能不香。

这款酱烧鸡翅对于忙碌的上班族来说，不失为营养晚餐。如果提前一晚腌渍，早晨下决心提前半小时告别温暖的被窝，那么非常馋人的便当也就轻松诞生啦。

材料

主料：鸡翅 10 个
配料：葱 1 根、姜 1 小块、蒜 3 瓣、白芝麻少许
调料：香辣酱 50g、生抽 2 小勺（10ml）、料酒 1 大勺（15ml）

准备

姜去皮、切片，蒜切片，葱切末；

私房秘籍

1. 鸡翅提前焯烫，去除浮沫；

2. 鸡翅提前腌渍，可以更加入味；

3. 时间紧张的话，鸡翅也可以不腌，正反面各划 2 刀以便入味；

4. 如果压力煲没有多种功能，将加压时间控制在 10 分钟以内即可。

做法

① 锅中加足量水，烧开后放入洗净的鸡翅焯烫；
② 鸡翅变色后捞起，洗去表面浮沫；
③ 加入香辣酱，拌匀鸡翅；
④ 用手充分按摩拌匀后，腌渍 20 分钟；
⑤ 腌渍好的鸡翅放入压力煲；
⑥ 根据个人口味加入适量生抽；
⑦ 再加入适量料酒，翻拌均匀；
⑧ 加入姜、蒜，选择鸡肉清香档，加压 9 分钟，排气后焖 2 分钟，撒少许白芝麻和葱末即可。

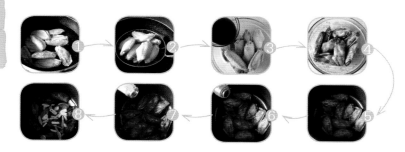

吃肉可以补充蛋白质，为身体提供足够的热量，特别是天冷的时候，吃肉可以帮助我们御寒。所以每当寒冷的日子，我们就为自己找个理由大口吃肉吧。

这碗五花肉是专为嗜肉的同学准备

的，毫无章法地加了酸豆角、洋葱、豆干等，其实就是一些剩余的边角料，不过配料的加入反而使肉吃起来没那么腻。名字是我自创的，因为它是有些湘式的做法。

材料

主料：五花肉1块

配料：油1大勺、白豆腐干4块、青尖椒1/2根、红尖椒1/2根、酸豆角3根、小葱1根、蒜3瓣、洋葱1/4个

调料：海鲜酱油1大勺、剁椒1大勺

准备

五花肉切片，豆腐干切条，青、红尖椒切块，洋葱切块，葱切段，酸豆角切碎，蒜切片；

私房秘籍

1. 五花肉尽量切薄，比较易熟，而且口感更好；
2. 少放些油，因为五花肉煸炒过程中也会出油；
3. 酱油和剁椒均含有盐分，根据个人口味添加；
4. 酸豆角最好不要省略，可以提味解腻。

做法

① 锅烧热，放入少许油，加热后放入蒜片爆香；
② 放入五花肉，小火翻炒；
③ 炒至五花肉变色，放入洋葱块；
④ 再放入豆腐干；
⑤ 炒匀后加入酸豆角；
⑥ 加1大勺酱油；
⑦ 再加入剁椒；
⑧ 炒匀后放入青红椒、葱，大火炒1分钟即可。

1. 惊喜地发现一只大萝卜；

2. 一路兴高采烈地扛回家；

3. 吃萝卜嘞～～

最难忘的是妈妈的味道

幸福，对于不同的人，有不同的定义。小孩子们的幸福似乎很容易找到，因为他们懂得满足，一件玩具、一包糖果、一个没有家庭作业、可以自由支配的下午等，都可以让孩子们喜笑颜开。可是随着年龄的增长，我们说着越来越多的不幸福，因为，我们不再容易满足。有时候，简单一点，反而幸福会多一点！

对我来说，餐桌上那些热气腾腾、散发出熟悉味道的家常菜，最能够给我带来幸福感。记忆中最温暖的画面，永远是与爸爸妈妈围坐在餐桌前，一边吃饭、一边说笑的日子，至于吃了什么、说了什么，这么多年过去，早已不再记得，但那些笑声，那些熟悉的饭菜香，永远也不会忘记。

虽然现在可以吃到的食材越来越丰富，有些甚至我连名字都叫不出，虽然我也喜欢尝试各种新奇的做法和吃法，但还是时不时喜欢做些最家常、最原始的菜式，那种最接地气的滋味，才是居家过日子的滋味。

有时候，还会模仿妈妈的手艺，做一些看似简单、吃起来却让人回味无穷的家常菜，在异乡找回家的温暖，找回记忆中那些简单的幸福。

让人又爱又恨的美味：
黑木耳爆腰花

俗话说"吃啥补啥"，腰子其实就是动物的肾脏，有养肾气、益精髓的功效。

我这腰花切得有点粗犷，不过外表的丑掩盖不了它内心的温柔，吃起来照样滑滑嫩嫩，绝对是很好的下饭菜。

材料

主料：猪腰子 1 个、黑木耳 30g

配料：青、红尖椒各 2 个、小葱 2 根、姜 1 小块、蒜 4 瓣

调料：油 1 大勺、料酒 1 大勺、生抽 1 大勺、鸡精适量、盐少许

准备

黑木耳用清水泡发，猪腰洗净、切成两半、去掉白膜；

10 分钟

可以做点儿啥

69

私房秘籍

1. 猪腰子要买新鲜的，一定要将白膜处理干净，否则会有臊味；

2. 焯烫腰花时加入姜片和料酒，可以去除猪腰的臊味；

3. 腰花变色即可捞出，时间过久口感会变老。

做法

1. 猪腰子洗净，用料酒抹匀，腌渍 15 分钟；
2. 将猪腰子表面切花刀，再切成块；
3. 锅中加水，放入姜片，加入料酒；
4. 水烧开后放入腰花炒烫；
5. 腰花变色后即可捞出，沥干水分待用；
6. 锅烧热，放 1 大勺油，油热后放入小葱和蒜末爆香；
7. 放入焯烫好的腰花；
8. 翻炒几下后，放入泡发的黑木耳；
9. 翻炒 3 分钟，放入切块的青、红尖椒；
10. 炒匀后，加少许盐；
11. 加入适量鸡精；
12. 加入生抽，翻炒均匀即可。

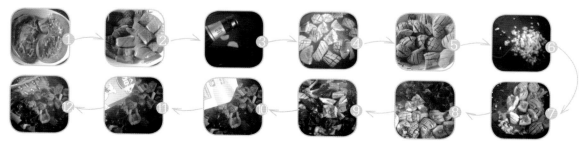

农家小炒肉

当湘菜馆遍布全国的时候，这道菜也随之红遍大江南北，只要迈进湘菜馆，时不时就可以听见小炒肉的吆喝声怎么就如此受欢迎呢？火爆的人气立刻勾起了我的好奇心，看来，无论好不好吃，势必要试一下才罢休。

对于冠有"农家"两个字的菜，在我认为，关键就是突出原汁原味的乡土气息，所以，重点不在刀工与形状，而在于主配料的齐全。农家小炒肉，说白了其实就是精华版的尖椒炒肉，但姜、蒜、辣椒不能省，正是由于多种配料的加入，才令爆香的味道十分惹人。

材料

主料：五花肉 200g

配料：红尖椒 1/2 根、青尖椒 1/2 根、青蒜 2 根、蒜 3 瓣、姜 3 片

调料：油 1 大勺、生抽 1 大勺、剁椒 1 大勺、鸡精 1/2 茶匙

私房秘籍

1. 五花肉尽量切薄片，不仅易熟，口感也更好；

2. 尖椒最好不要省略，否则会失去此菜的风味；

3. 剁椒的用量可根据自己的口味调节；

4. 剁椒、生抽中都含有盐分，无需另外加盐。

做法

❶ 五花肉洗净、切片，青、红尖椒切块，青葱切段，蒜切片，姜切末；

❷ 锅烧热，倒入油，待油热后，放入蒜片、姜末爆香；

❸ 倒入切好的五花肉；

❹ 翻炒至五花肉变色，加入青尖蒜；

❺ 翻炒均匀，加入青、红尖椒；

❻ 继续炒匀，加入剁椒；

❼ 加入生抽；

❽ 加入少许鸡精，翻炒均匀即可。

小萝卜炒牛肉片

常言道：冬吃萝卜夏吃姜，不劳医生开药方。就拿这个"冬天吃萝卜"来说，一方面，可保暖防寒、温中健胃；另一方面，冬天为了御寒，往往吃肉类或高热量的食物比较多，吃萝卜可以解腻爽口、促进消化。

由于带着粗犷的纹路，牛肉在我眼中一直是最适合男士的，后来发现它蛋白质含量高，脂肪含量低，女士们吃也绝对适合。小萝卜炒牛肉片，颜色般配、性质互补，尤其适合冷风嗖嗖的小日子，放心吃吧，吃完就暖了，心暖，胃也暖。

10 分钟

可以做点儿啥

材料

主料：牛肉200g、小萝卜1根

配料：红椒1个、小葱1根、姜1块、蒜2瓣

调料：油1大勺、生抽豉油1大勺、鸡粉少许

准备

小萝卜洗净、切薄片，小葱切末；

私房秘籍

1. 萝卜片的薄厚视自己喜欢而定，喜欢爽脆口感的，可以切得厚一些；

2. 牛肉不要切得太厚，以免影响口感；

3. 最后小火焖，可以使小萝卜片的口感变得软韧，不喜欢可以略去此步。

做法

① 牛肉切片，大小与小萝卜片相似，蒜切片，姜切末；

② 红椒切成椒圈；

③ 锅中放少许油，烧热后放入姜末、蒜片爆香；

④ 放入牛肉片，翻炒至牛肉变色；

⑤ 加入生抽豉油，翻炒均匀；

⑥ 放入小萝卜片；

⑦ 放入红椒圈，加少许水，小火焖3分钟左右；

⑧ 加入少许鸡粉，翻炒均匀，撒上葱末即可。

预防春困·小·妙招

1. 早睡早起，呼吸新鲜空气；

2. 劳逸结合，培养兴趣爱好；

3. 积极锻炼身体，保持健康状态。

一刻钟可以玩花样

春困是由于季节交替所带来的一种生理变化，从冬入春，气温逐渐升高，人的身体毛孔、汗腺、血管开始舒张，皮肤血液循环也旺盛起来，导致供给大脑的血液会相对减少，大脑的供氧量显得不足。加

上暖气温的良性刺激，使大脑受到某种抑制，我们会感到困倦思睡，总觉得睡不够。

营养专家提醒，这个时节应注意休息、适当运动，同时适量调理饮食。牛肉、鸡肉等瘦肉富含蛋白质，能量高、脂肪少，适当多吃一些，可以帮助我们有效保持旺盛的精力。这道银针牛肉片，就是专为缓解春困而做。

银针即绿豆芽，清脆鲜嫩、营养丰富。简简单单的家常菜，富含蔬菜纤维和动物蛋白质，更讨人喜欢的是，脂肪含量很低，清淡香嫩。

材料

主料：牛肉 1 块、去头绿豆芽 300g
配料：红椒 1 个、姜 1 片、小香葱 2 根
调料：油 1 大勺、海鲜酱油 1 大勺、糖少许、盐适量

准备

牛肉切片，红椒、姜切丝，小香葱切段；

私房秘籍

1. 尽量选择嫩一些的牛肉，炒出来口感更好；
2. 豆芽易熟，需稍后放入；
3. 不要炒太久，以免肉质变老；
4. 糖和盐的用量根据个人口味调整。

做法

① 锅烧热，加适量油，油烧热后，放入姜丝爆香；
② 煸出香味后，放入牛肉片；
③ 小火煸炒至肉片变色；
④ 加入红椒丝；
⑤ 再放入绿豆芽；
⑥ 根据个人口味加少许糖和适量盐；
⑦ 加入 1 大勺海鲜酱油；
⑧ 加入葱段，迅速翻炒 3 分钟关火即可。

美丽香艳的洛神花，代表着希望、宁静、矜持、等待和信仰。传说中，洛神花是由洛神的血泪幻化而成，含苞待放的洛神，仿佛一滴饱含深情的泪珠，明丽而清透、妖艳又凄美。待到花苞绽开，艳红的细长花瓣，倔强如同燃烧的火焰，摄人心魄，美得醉人。

洛神花含有丰富的蛋白质、有机酸、维生素C、多种氨基酸、大量天然色素及多种对人体有益的矿物质，常被用来制作各种果酱、果汁和色素原料，由于花青素遇酸会呈现红色，所以用洛神花制作出的各种食物，都具有令人炫目的红色。

虽然用途广泛，但洛神花最经典、最常见的用法就是泡茶。洛神花中的花青素和多酚都是有效的抗氧化成分，使它具有食用和药用的双重价值，在降血压、降血脂和补血方面都有显著疗效。

加了水果的洛神花茶，味道酸酸甜甜，犹如恋爱中的滋味。除此之外，它能够有效降低胆固醇、同时具有美白、防晒、养颜、纤体、抗衰老的功效，个个都是女人最在乎的字眼。只需一刻钟，就可以成就一杯美丽香艳的洛神花果茶，无论办公室里的下午茶，还是休息日的闺蜜小聚会，都无疑是首选的健康饮品。

材料

主料： 洛神花 10g、橙子 1 个、苹果 1 个、水晶梨 1 个、小金橘 6 个、柠檬片 10g

配料： 蜂蜜适量

私房秘籍

1. 花草茶一般会有些浮尘，最好提前用温水洗净；

2. 水果可根据喜好自由选择，建议保留橙子或小金橘至少一种，会使水果茶更加芬芳；

3. 洛神花的味道较酸，可根据自己的口味调入蜂蜜；

4. 不要采用质软的水果，比如奇异果、香蕉之类，容易煮烂；

5. 该款花果茶冷藏之后味道更佳。

做法

1️⃣ 柠檬片用温水浸泡，洗去浮尘；

2️⃣ 洛神花用温水浸泡；

3️⃣ 洗去浮沉，沥干水分；

4️⃣ 所有水果切丁；

5️⃣ 将水果丁和柠檬片放入锅中；

6️⃣ 加入清水，大火煮开后，转小火煮 15 分钟左右；

7️⃣ 洛神花放入杯中，趁热冲入煮好的水果茶；

8️⃣ 凉凉后，调入适量蜂蜜即可。

没有胃口的时候，不妨来点酸的开开胃吧。酸豆角可以自己腌渍，也可以直接购买，爱吃的人就单独拿来当菜吃，我还适应不了这么直接的吃法，更喜欢用它来配菜。酸豆角炒鸡胗，就是我最喜欢的搭配，酸豆角和鸡胗都对脾胃大有益处，其中富含的碳水化合物、维生素 E、维生素 A、钠、磷、硒等，都能促进食欲、增强体质。

这道一刻钟的小炒，鲜、香、脆、嫩，嚼起来非常过瘾。吃这道菜的时候，一定要备足米饭，让人胃口大开的味道和口感，足可以让饭菜一扫光，让人欲罢不能。

材料

主料：鸡胗 250g

配料：酸豆角 2 根、红尖椒 1 个、青尖椒 1 个、青蒜 1 根、小葱 1 根、小米椒 2 个、蒜 4 瓣、姜 1 小块

调料：油 1 大勺、料酒 1 大勺、盐 1/2 茶匙、鸡精少许

私房秘籍

1. 鸡胗先用料酒腌渍片刻，可去除腥味；
2. 买来的酸豆角要将表面的浮盐清洗干净；
3. 买来的酸豆角已经是直接可以吃的，不需炒太久，最后放入锅内即可；
4. 酸豆角中含有盐分，要相应减少盐的用量。

做法

❶ 鸡胗切片，酸豆角、红尖椒、青尖椒、青蒜、小米椒分别切段，葱姜蒜切末；

❷ 鸡胗用料酒拌匀，腌渍 10 分钟左右；

❸ 锅烧热，倒入少许油，待油热后，放入葱姜蒜末爆香；

❹ 加入腌渍好的鸡胗；

❺ 炒至变色后，加入酸豆角段；

❻ 翻炒均匀，加入青蒜和小米椒，翻炒 3 分钟；

❼ 加入青红尖椒；

❽ 加入盐和鸡精，继续翻炒 2 分钟左右即可。

1. 好想吃蛋糕；

2. 可是没有烤箱；

3. 没关系，电饭煲、压力煲都可以做出美味蛋糕。

鸡蛋饼不只是圆的，还可以朵朵绽放

酸梅汤可以变果冻，舀着吃更过瘾

香蕉冻起来，就是冰淇淋

　　我们都有过这样的感觉，经常看同样的东西，渐渐会产生审美疲劳，同理，经常吃同样味道、同样做法的食物，也会产生审"味"疲劳。此时该如何拯救我们的味蕾呢？发挥我们智慧创新的时刻到啦！

　　通常，创新具有几个特点：新鲜、惊人、震撼、实效，缺一不可，才能当之无愧的称为创新。这一点深得我心，从做饭开始，我就不喜欢一成不变，诸如：什么必须搭配什么才好吃，什么必须怎样做才正宗。面对这些理论，我总愿意挑战，只要没有搭配禁忌，我的厨房里，创新永远不会停止。

　　况且，居家过日子，自家厨房不比材料库，难免会有缺少某种食材的时候，就此放弃吗？不，不要打击自己做饭的热情，就地取材，用相近的材料代替，或许味道不正宗，但说不定就会因此而发现另一种美味搭配。

　　其实颠覆传统也不是专门为了挑战经典，既然是多年传承的经典，口味自然无可挑剔，但再好吃的东西，经常吃也会平淡无奇了。倒不如时常尝试下新做法、新口味，说不定就会成为自己的私房菜。而且，能够根据自己或家人的胃口来调整，才是实实在在的家常味。

一刻钟
颠覆传统

糍粑这吃食，对于北方的同学来说，多少有点儿陌生。糍粑是用糯米做的，先蒸熟、再捣烂，然后制成块状，切条、切片随意，是我国一些南方地区颇为流行的民俗食品。

传统糍粑的另类吃法：
私家香煎糍粑

这道糍粑的吃法，是我自己琢磨的非传统吃法，特点体现在撒料上，除了砂糖，还加了好多炒香的芝麻和麻辣花生碎。吃起来有点甜，有点辣，酥酥脆脆、软软糯糯，满口都是香。简单一个小步骤，口感和味道都大大升级啦。

材料

主料：糍粑 2 块、鸡蛋 1 个
配料：白芝麻适量、麻辣花生少许
调料：油 1 大勺、糖 1 茶匙

准备

糍粑切成长方块，鸡蛋打散，麻辣花生切碎；

私房秘籍

1. 炒芝麻和花生碎一定要用小火，大火容易炒煳；
2. 花生的口味可以根据个人喜好选择；
3. 蛋液不需要裹太多，均匀一层即可；
4. 糍粑鼓起就说明熟了，煎太久会过于软糯，影响外形。

做法

① 炒锅烧热，放入白芝麻和花生碎；
② 小火炒出香味后，放入 1 茶匙糖；
③ 趁热拌匀，盛出糖酥花生碎待用；
④ 切好的糍粑均匀裹上一层蛋液；
⑤ 锅中放入少许油，放入裹满蛋液的糍粑，小火慢煎；
⑥ 煎到糍粑微微鼓起时，翻面，煎至糍粑膨胀、两面金黄出锅，趁热撒上糖酥花生碎即可。

做饭其实就像过日子，即使一切都规划好，也未必会顺着自己的心意一路进行下去，难免遇到一些小问题，很可能会将计划全部打乱。所以，无论生活还是做饭，索性不计划，享受突如其来的小意外，说不定，就是惊喜。

腊鱼炖粉条，第一次尝试，没敢抱希望，先痛下决心，万一不好吃，也要把它吃下去。没想到，腊鱼的咸香与粉条的韧竟然搭配得如此妙，鲜美之极的味道，让我在尝试第一口的瞬间，脑子里竟然蹦出石破天惊这个词，严重后悔没早点发现这做法，这可是最后一块腊鱼，再次与它相见，要待明年。

随手搭出的一道菜，让我念念不忘到今日，听起来似乎有点夸张，其实真的不夸张，这滋味到底有多鲜美，只有试了才知道。

材料

主料：腊鱼 1 块、红薯宽粉 100g
配料：姜 1 小块、蒜 3 瓣、葱 1 根、尖椒 1 个、小米椒 3 个
调料：油 1 大勺、老抽 1 茶匙、盐 1/2 茶匙、胡椒粉少许

私房秘籍

1. 红薯粉最好提前用热水浸泡，泡软之后再进行下面的操作，否则不易熟；

2. 加入老抽是为了上色，如果不喜欢，可以换成生抽，味道更鲜；

3. 红薯宽粉比较韧，所以要煮久一点，如果用较细的粉条，要相应减少炖煮的时间，以免炖的太烂，影响口感；

4. 老抽和腊鱼都含有盐分，所以要减少盐的用量。

做法

❶ 将红薯宽粉用热水浸泡，腊鱼切大块，葱、姜、蒜、小米椒切碎末，尖椒切圈；

❷ 锅中倒入少许油，烧热后，放入腊鱼块；

❸ 小火煎至两面金黄，用铲子拨到锅的一侧，倒入葱、姜、蒜、小米椒和尖椒；

❹ 煸出香味后，倒入水，水面没过鱼 1 厘米；

❺ 调入老抽，大火煮开；

❻ 继续煮 5 分钟，放入泡软的宽粉；

❼ 盖上锅盖，转小火，炖 10 分钟，加入盐；

❽ 再加入胡椒粉，搅匀，转大火，收干汤汁即可。

电饭煲版的精致蛋糕：

奶茶可可大理石蛋糕

在曾经那些没有烤箱的日子里，我从未停止过研究如何用烤箱之外的工具做蛋糕，所以今天，我可以非常兴奋地以我的亲身实践告诉大家：没烤箱，可以用微波炉，没有微波炉，还可以用电饭煲，如果连电饭煲也没有，还有蒸锅可以用。没错，这些常见的厨具，都可以用来做蛋糕，而且出品效果并不差。

给大家介绍一款电饭煲做的蛋糕，口感出乎意料的松软，味道也很不错，在忙碌的日子里，这个省心版的蛋糕很实用。我用的材料分量不多，加上电饭煲的直径不小，所以蛋糕的厚度不算高，如果家里成员比较多，可以加大用量。

没有烤箱、又很想吃蛋糕的同学，电饭煲是个不错的选择，不妨试试哦。

材料

主料：鸡蛋3个、细砂糖30g(蛋黄用)、细砂糖60g(蛋白用)、色拉油35g、牛奶70g、低筋面粉90g、泡打粉1小勺

调料：植物油少许、香草精3滴、奶茶粉1小勺、可可粉1小勺

准备

将蛋黄与蛋白分开，分别放入2个干净无油的容器中；

私房秘籍

1.加入香草精，可以使蛋糕味道更好，也可以省略；

2.混合蛋白和面糊时，一定不要划圈搅拌，以免消泡；

3.两种面糊混合不要过多搅拌，会失去大理石花纹；

4.倒入面糊前，电饭煲内胆抹一层油，以免粘锅。

做法

❶ 蛋黄液中加入30g细砂糖和3滴香草精，搅拌均匀；

❷ 在蛋黄溶液中加入植物油；

❸ 再加入牛奶，充分搅匀后，将低筋面粉和泡打粉一起筛入；

❹ 用橡皮刮刀搅拌均匀，面糊待用；

❺ 蛋白中分次加入60g细砂糖，用打蛋器打至硬性发泡状态；

❻ 取1/3蛋白放入面糊，用捞拌的方式拌匀，再倒入剩余蛋白，继续用捞拌的方式拌匀；

❼ 将拌好的溶液分为2份，分别加入奶茶粉和可可粉，拌匀；

❽ 再将2种面糊混合，随意捞拌几下；

❾ 电饭煲内胆抹一层植物油，通电，选择蛋糕功能；

❿ 约2分钟后听到滴的一声，说明预热结束，此时倒入面糊；

⓫ 盖上锅盖，直至程序完成，滴滴声再次想起即可。

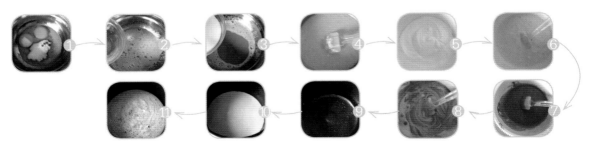

1. 储冬菜；

2. 灌柿子酱；

3. 晒腊味。

难以割舍的传统滋味

　　记得小时候，一进腊月就开始盼新年了，那些属于新年的东西，也着实开始准备起来。扫房子、买新衣，准备各色糖果、年画、年花，写春联，回鞭炮，似乎家家户户都在为新年忙碌着，每个人的脸上都挂着笑容，甚至走在大街上，都能感到一种喜气劲儿。

　　那时候北方能够见到的蔬菜水果种类还比较少，特别是冬天里，几乎最常见的就是白菜、土豆、萝卜。不过每到临近年根，爸妈的单位都会发"年货"，今天提回几条带鱼，明天拎回一块猪肉，拿回来先不吃，要攒到过年一起吃。每天看着这些好吃的被运回家，想象着过年可以吃到的美味，那种难以言说的喜悦，或许只有经历过的人才会懂。

　　如今就不一样了，随着交通的便利，北方市场上各种新鲜蔬菜水果也层出不穷，平时吃什么，过年过节也吃什么，大鱼大肉都不稀罕了，所以人们对"年"的期待不再那么强烈，年味越来越淡，曾经那些坚守的传统也没有了。

　　或许是因为年龄的增长，或许是因为身在千里之外的异乡，越来越重视与家人在一起的时刻，越来越珍惜这些传统的节日，曾经一度认为俗气、繁琐的风土人情，仿佛突然间变得珍惜起来。特别是爱上做菜之后，尤其喜欢那些大大小小的民俗节日，研究各地不同的风俗饮食，重新捡起那些老传统。也越来越真切地感受到，那些能够多年传承的，都是最不应该被遗忘的，他们代表的历史、是文化。

种类繁多的虾，不仅是补钙佳品，更是健脑益智的绝佳食材。油爆虾是苏菜的经典菜式之一，炸透的虾壳色泽红亮、红艳松脆，与虾肉若即若离。轻轻送入口中，一触即脱，舌尖立刻可以碰触到鲜嫩无比的虾肉，咸鲜微甜、风味独特，一口一个，吃起来咔咔作响，真不是一般的过瘾。

材料

主料：鲜虾 500g
配料：葱 20g、姜 20g
调料：油 200ml（实际消耗 50ml）、白酒 25g、白糖 25g、味精适量、盐少许

准备

将虾去头、去须、洗净控水，葱、姜切末；

私房秘籍

1. 务必将处理好的虾控干水分后再下锅炸制，以免爆锅烫伤；

2. 虾的炸制时间不宜过久，虾壳与虾肉分离即可，以保持脆嫩适中的口感；

3. 炒虾的底油不宜过多，因虾已经炸过，不会再吸收油；

4. 炸虾剩余的油可用于烹调其他菜肴，增添风味。

做法

❶ 锅中倒油烧开，加入处理好的虾进行炸，炸至虾壳与虾肉分离即可，捞出沥干油；

❷ 原锅留底油，大火烧热，放入葱姜末；

❸ 爆香后倒入炸好的虾，迅速翻炒；

❹ 加入白酒；

❺ 再放入白糖；

❻ 最后放入盐，旺火将汤汁收浓，关火，撒入适量味精，炒匀即可装盘。

刀子鱼是长江流域特有的一种淡水鱼，尤其以湖北最为著名。新鲜的刀子鱼肉质细嫩，鲜美无比，由于外形如同柳叶，被人们称为刀子鱼或刀子鱼。刀子鱼在湖北当地是非常普通的水产，可一旦上了餐桌，就会变成难以替代的美味。据说，在荆门城乡，有"市楚刀子鱼，无刀不成席"的说法，身在他乡的荆门人，一看到刀子鱼，就会兴奋得两眼发亮。

大小不同的刀子鱼，有不同的吃法。新鲜的大刀子鱼肉相对较多，且肉质细嫩，一般用来干煎，鲜美无比。稍小一些的刀子，多用来炸着吃，因为刀子鱼刺比较多，炸得时间够长、够透，骨刺也会变得酥脆，连肉带刺一起嚼，颇有风味。再小的小刀子，直接腌渍后晾干，可以当做零食来吃，吃起来很有韧劲儿，也可以保存很长时间。

买到肥美的刀子鱼，趁着新鲜做起来，经过小火煎，鱼肉变得紧致而有韧性，再经略炖，汤汁浓稠而入味。趁热上桌，迫不及待地品尝，鱼肉细嫩，咸鲜微辣，实在是太过瘾了。

材料

主料：盐腌渍新鲜刀子鱼 3 条
配料：新鲜小红辣椒 5 个、干辣椒 10g、姜 1 小块、蒜 3 瓣、香菜 1 棵、小葱 1 棵
调料：油 1 大勺、辣椒酱 1 大勺

私房秘籍

1. 煎鱼不需要太多油，将锅底薄薄铺满一层即可；
2. 煎鱼时要热锅凉油，以免鱼会粘锅；
3. 煎鱼的过程中，要保持小火，以免煎煳；
4. 调和辣椒酱的水不宜过多，以免影响鱼的口感；
5. 由于鱼提前用盐腌过，没有另外加盐；
6. 辣椒的用量根据自己的口味调整。

做法

① 锅烧热，放少许油，晃动锅使油铺满锅底，将刀子鱼逐个放入锅；
② 小火煎至一面金黄，小心翻面，继续煎另一面；
③ 待另一面煎至金黄，倒入切成小段的干辣椒；
④ 再放入切碎的姜、蒜及小红辣椒；
⑤ 用铲子小心将调料铺匀，用少许水将辣椒酱调匀，倒入锅中；
⑥ 小火煮至汤汁收干，即可关火。

一勺酱带来的经典风味：
秘制酱烧鲫鱼

鲫鱼是比较常见的鱼类，吃法无非是红烧、清炖、香煎等。这道酱烧鲫鱼，是我最近爱上的新吃法，不同于传统的味道，秘诀非常简单，就是多加一勺黄豆酱。

炖鱼的时候加一勺黄豆酱，既不会抢了鱼的鲜美，又会添加一分浓郁，味道大大提升。吃剩的鱼汤，我从不舍得扔，拌上白米饭，超级好吃，或者，放入冰箱冷藏，第二天就可以大口挖鱼冻吃啦，含丰富的胶原蛋白美死了。

材料

主料：鲫鱼 1 条
配料：红椒 1 个、蒜 3 瓣、葱 1 段
调料：黄豆酱 1 大勺、生抽 1 小勺、盐少许

准备

鲫鱼处理干净、两面各划几刀，红椒、蒜、葱均切成小粒；

私房秘籍

1. 鲫鱼表面划几刀，炖的时候会更加入味；
2. 鲫鱼先煎一下再炖，口感更好，而且可以避免炖的时候鱼肉松散；
3. 黄豆酱的用量可以根据个人口味调整；
4. 黄豆酱中含有盐分，注意减少盐的用量。

做法

① 锅中加适量油，烧热后放入鱼，煎至两面金黄；

② 加适量水，加入蒜粒和生抽；

③ 再加入 1 大勺黄豆酱和少许盐；

④ 大火煮开后，转小火，盖上锅盖，炖 10 分钟即可，出锅趁热撒上红椒粒和葱粒。

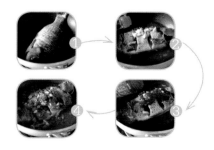

1. 鸡蛋打散，用筷子搅拌均匀；

2. 将蛋液倒入平底煎锅，小火煎成蛋饼；

3. 蛋饼平摊，铺一层胡萝卜猪肉馅；

4. 卷起之后，放入蒸锅蒸熟；

5. 凉凉后切段，配上一碗枸杞粥，
美味的早餐就这么简单！

短期保鲜蔬菜（比例为 1）

中期保鲜蔬菜（比例为 2）

长期保鲜蔬菜（比例为 2）

作为朝九晚七、搞不好还朝九晚八的上班族，每天下班去买菜基本是不可能实现的，且不说奔波的辛苦，此时摊位上也大多是别人挑剩的歪瓜裂枣。只有充分利用周末，去采购接下来一周要吃的菜。菜量既要足够支撑一周，还要保证营养均衡，如何采购还真需要动动脑筋。

刚开始我也不会计划，喜欢吃青菜，都买带叶的，结果就前两顿吃着新鲜，很快就打蔫发黄、腐烂变质，最终只能忍痛扔掉。两次之后就有经验了，买菜前先列个单子，到了菜市场照单执行，即使遇到计划之外、又偏偏想吃的新鲜货，也可以从同类中机动替换一下，不至于在脑袋发热的情况下买得太离谱。

肉类比较好办，吃不完冷冻在冰箱，一周之内不会变质，但蔬菜的选择就要谨慎了，因为不同种类的蔬菜，保质期长短不一。以一周五天工作日来算，我一般将要购买的蔬菜按保存时间分为短期、中期和长期保鲜，购买的比例通常为 1：2：2，换句通俗的话来说，就是周一吃短期保鲜的菜，周二、周三吃中期保鲜的菜，周四、周五吃长期保鲜的菜。

绿叶菜的存放时间最短，所以一般只买一、两种，在周一就吃掉。茄瓜类的蔬菜保存的时间要长一些，比如苦瓜、黄瓜、番茄、尖椒、西兰花，都是我常买的种类。能够长期保存的蔬菜选择也比较多，莲藕、胡萝卜、豆角、茭白、玉米，放久点也不必担心坏掉。除此之外，我还会常备一些干货，像香菇、腐竹、木耳之类，以备不时之需。

即使是忙碌的上班族，只要花些心思，保证饭菜丰富、营养均衡也不是什么难事。照顾好自己和家人的身体，才有继续打拼的基础。

一刻钟
拥有幸福

米线在我家餐桌上出现的频率越来越高了，早餐来一碗鸡汤煮米线，温暖顺滑，滑落到胃中好舒服。晚餐不易吃得油腻，又要保证营养的均衡，那就来个素炒米线，各种颜色、各种门类的蔬菜全部细细切丝，与米粉来个大杂烩，一碗落肚，各种颜色都吃到，营养全面又均衡。

虽然是吃素，但一点也不会感到痛苦，色彩缤纷的一大盘，让我们的心情也随之愉悦起来，花样生活，就从餐桌开始吧。

材料

主料：米线 100g

配料：木耳 50g、胡萝卜 1 根、紫甘蓝 100g、青尖椒 1 个、红尖椒 1 个

调料：油 1 大勺、生抽 2 茶匙（10g）、香油 1 茶匙、牛肉粉 1/2 茶匙、橄榄油 1 汤匙（30ml）

准备

紫甘蓝、胡萝卜、青红尖椒、木耳分别洗净、切丝；

私房秘籍

1. 米线炒之前用油拌匀，炒时不易结成团；

2. 炒米线时要小火快炒，以防粘锅；

3. 炒面条或米线最好用筷子，可以防止相互粘连；

4. 少放一点点香油，会非常提味。

做法

① 米粉中加入 1 汤匙橄榄油，充分抓匀；

② 锅烧热，加少许油，油烧热后放入米粉，迅速用筷子划散；

③ 炒至米粉微微发黄，盛出待用；

④ 另起锅，加入少许油，油烧热后放入五彩丝翻炒；

⑤ 炒至菜微软，放入米粉，迅速炒匀；

⑥ 根据个人口味加入适量生抽；

⑦ 再加入 1 茶匙香油；

⑧ 最后加入少许牛肉粉，炒匀即可。

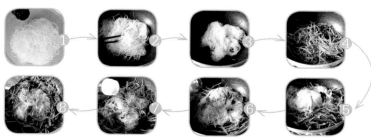

清晨，在睁开眼睛的那一刻，只单纯地期待一顿能为我带来温暖与能量的阳光早餐。不过，坐在床上等早餐的情景不敢奢望，阳光般的早餐，是需要自己动手的。

这款海苔鸡肉蛋卷，做它的时候，窗外阴雨连绵，于是心中期待着暖暖的阳光，不知不觉，手中就做出了心中的期待。我想，吃着这份阳光早餐，会将所有的阴霾一扫而光吧，日子单纯而幸福。

用简单幸福唤醒清晨：
海苔鸡肉蛋卷

材料

主料：鸡胸肉 1 块、胡萝卜 1/2 根、鸡蛋 2 个
配料：即食海苔 1 包
调料：油 2 茶匙、生抽 1 大勺

准备

鸡蛋搅打成均匀蛋液；

私房秘籍

1. 馅料搅拌得越细腻越好，便于后面的操作；
2. 如果时间充裕，可将蛋液过筛，则摊出的蛋饼更加平整；
3. 蛋饼煎至蛋液凝固、两面金黄即可；
4. 蛋卷无需蒸太久，以免失去劲道的口感。

做法

① 鸡胸肉切大块，放入搅拌机；
② 胡萝卜去皮、切大块，一同放入搅拌机；
③ 搅成细腻的馅料，加入生抽，搅拌均匀待用；
④ 平底锅刷一层油，舀入 1 大勺蛋液，摇匀，小火加热；
⑤ 带蛋饼边缘微微翘起，翻面，煎至蛋液凝固；
⑥ 取出蛋饼，铺上一层海苔；
⑦ 用汤勺抹一层胡萝卜鸡肉泥，卷成卷；
⑧ 蒸锅添少许水，大火烧开，将蛋卷放入蒸屉，蒸 8 分钟左右；
⑨ 取出蛋卷，凉凉切段即可。

平底锅打造烧烤滋味：

孜然牙签肉

　　如果家里只有平底锅，如果偏偏又想吃烧烤，那么这个人该怎么办呢？我说的这个人，就是我！突然想吃烤串了，手边却只有一把平底锅。万般沮丧之时想起了小时候吃的牙签肉，这不就是袖珍版的烤肉串么，即便只有平底锅，一样可以做出烧烤的美妙滋味。

　　记得小时候吃的牙签肉多是猪肉或牛肉的，一般是节假日才能在餐桌上见到的美味，吃起来怎一个香字了得。而且吃牙签肉还有个优点，好算账，吃完数数堆在自己面前的牙签有几个，就知道自己吃了多少。

　　平底锅做牙签肉，相当简单，也相当方便，就是有点浪费牙签，自己家吃的时候，完全可以省略串牙签这步，都是一个味道，直接用筷子夹就成了。当然，如果招待客人，还是有牙签比较好，不仅卖相漂亮，吃起来更卫生。

材料

主料：鸡胸肉 1 块
配料：白芝麻适量、玉米淀粉 1 小勺
调料：油 1 大勺、孜然烤肉料 50g、水 10g

私房秘籍

1.鸡肉腌渍越久越入味，不腌直接炒也可以，口味会差些；

2.加入少许淀粉，可以锁住肉的水分，使肉质更嫩；

3.鸡肉比较易熟，变色后再翻炒 2 分钟左右即可。

做法

① 孜然烤肉料倒入碗中；
② 加少许水，调成料汁；
③ 鸡肉洗净、切成 1 厘米见方的小块；
④ 鸡肉中倒入料汁；
⑤ 用手抓匀，使鸡肉充分吸收料汁；
⑥ 加入 1 勺玉米淀粉；
⑦ 再次抓匀，腌渍 1 小时以上；
⑧ 腌渍好的鸡肉逐个插上牙签；
⑨ 锅烧热，放少许油；
⑩ 油热后，放入插好牙签的鸡肉块；
⑪ 小火煎 2 分钟，再逐个翻面，再煎 2 分钟，如此反复煎两遍，然后翻炒半分钟；
⑫ 再加入少许孜然烤肉料；
⑬ 倒入白芝麻；
⑭ 翻炒均匀即可。

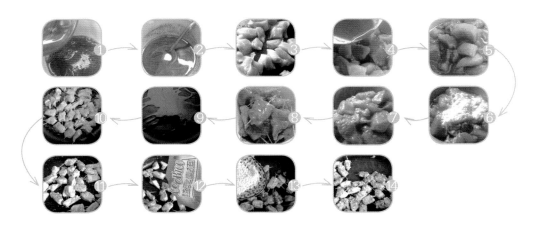

1.星期一，积蓄能量；

2.星期二，继续奋战；

3.星期三，舒缓压力；

4.星期四，黎明曙光；

5.星期五，轻松上阵。

半小时可以吃便饭

注：便饭适合1~2人，统筹安排时间，半小时内完成。

星期一，
积蓄能量

剩米饭的华丽转身：
开胃剁椒炒饭

星期一对上班族来说是个噩梦，一面是沉浸在周末的愉悦中走不出来，一面是繁重的工作透不过气，吃饭也必须速战速决。此时最需要一点点刺激来打开胃口，让我们重新充满活力。来不及煮饭，剩米饭不受欢迎？没关系，只需几分钟，就可以让它变身为一碗营养又开胃的炒饭。

这款炒饭由于有了剁椒的加入，可以轻松帮助我们打开胃口，重振精神，为迎接周五的胜利解放而勇往直前努力工作。

材料
主料：剩饭 1 小碗、鸡蛋 2 个
配料：剁椒适量
调料：油 1 大勺、盐少许、鸡精少许

准备
将鸡蛋充分搅打均匀；

私房秘籍
1.注意剁椒不要放太多，根据个人胃口调节；
2.还可以加入适量火腿丁，口感会更加丰富。

做法
① 锅中加油，烧热后倒入蛋液；
② 迅速用锅铲滑散蛋液，倒入剩米饭，用铲子压散；
③ 加入适量剁椒；
④ 再加入少许鸡精和盐，翻炒均匀即可。

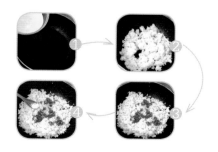

对嗜肉族来说，无论在哪里吃饭，少了肉总会有点遗憾。我认为最适合带便当的肉类就是鸡肉了，脂肪含量相对较低，不会太油腻。最好再以黑椒和洋葱提味，不仅容易让人提起胃口，其中洋葱还具有杀菌功效，可以保护肠胃。

鸡可以提前一晚腌渍，清晨早起 **20** 分钟，将已经腌渍入味的鸡扒煎熟、打包，保证最新鲜的口感，并不会耽误多少时间。注意，腌鸡扒的黑椒汁要尽量收干一些哦，这点与在家中吃不同，如果汤汁太多不便于携带，且容易变质。

香气扑鼻的黑椒鸡扒，会让你在整个忙碌的上午都期待午餐的到来。

材料

主料：带皮、去骨的鸡腿扒 1 块
配料：胡萝卜 1/2 根、西蓝花 1 小朵、洋葱 1/2 个
调料：油 2 大勺、生抽 2 大勺、黑胡椒粉 1/2 茶匙、糖 1/2 茶匙、盐少许、番茄酱 1 大勺

准备

洋葱洗净、切丁，西蓝花用水焯烫，胡萝卜切片；

私房秘籍

1. 鸡扒最好选择带皮的鸡腿，口感会比较嫩；
2. 如果鸡腿来不及去骨，也可以连带骨头一起煎，煎制方法不变；
3. 鸡扒要提前腌渍，腌渍越久越入味；
4. 洋葱要炒至收汁，汤汁太多不适合带便当。

做法

❶ 鸡扒中放入生抽、黑胡椒粉、糖、盐，用手抓匀，腌渍 15 分钟；

❷ 锅中放少许油，烧热后，将鸡扒带皮的一面朝下放入，皮发黄后翻面，小火煎至两面金黄即可；

❸ 另起锅，放少许油，烧热后放入洋葱丁；

❹ 加入番茄酱，小火炒至洋葱变软，均匀包裹番茄酱即可；

❺ 便当盒中放入一层生菜，倒入炒好的洋葱丁，再放入切好的鸡扒和配菜即可。

星期二,
继续奋战

在我的印象里，鳕鱼经常出现在西餐中，所以它在我的心中似乎多多少少代表着高贵、奢华、小资情调。

鳕鱼的肉质厚、鱼刺少、而且味道不腥，从超市买来真空包装的鳕鱼，通常干干净净，无需再花力气收拾，加上做起来省时省力，鳕鱼当之无愧地成为偷懒时的最佳食材之一。

这款鸡蛋饼做起来非常方便，软嫩可口、甜咸适中，鳕鱼茸的加入更增加了蛋白质的含量，非常适合做营养早餐哦。

材料

主料：面粉 1 杯
配料：鳕鱼 2 片、鸡蛋 1 个、香葱 2 段
调料：油 2 茶匙、盐少许

私房秘籍

1. 面糊用的水要一点点加入，以免一次加入过多，不好控制；

2. 面糊不要太稠，用勺子舀起，能顺利滴落即可；

3. 煎饼的过程中，可多翻几次面，以免煎煳。

做法

① 鸡蛋打散，倒入面粉中；
② 一边加水，一边用筷子搅拌；
③ 搅拌至面粉成为均匀面糊；
④ 加入少许盐；
⑤ 葱花切碎，与切碎的鳕鱼茸一起加入面糊中；
⑥ 平底锅中刷一层油，舀入一大勺面糊，用勺子摊匀，小火煎至金黄，翻面，煎黄即可。

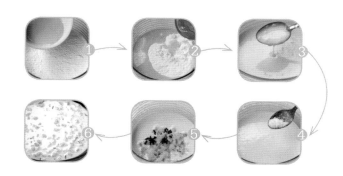

鸡肉怎样才能做到不老、不柴？说说我的秘密吧，只要掌握了做法，无论是谁，都可以轻松做出滑嫩无比的鸡肉，保准令你信心大增。这款甜辣鸡球，加了几颗我喜欢的大杏仁进去，香脆可口，又加了辣椒酱来调味，辣中带甜的口感，令人不得不多添一碗饭。

滑嫩无比的鸡肉：

甜辣鸡球

材料

主料：鸡胸肉1块

配料：小葱1根、姜3片、红尖椒1个、大杏仁6个

调料：油1大勺、辣椒酱2大勺、海鲜生抽1大勺、白砂糖10g、水淀粉20g、高度白酒1茶匙

私房秘籍

1. 腌渍鸡肉时最好采用水淀粉，这样炒出的鸡肉更嫩；

2. 鸡肉腌渍的时间越久，越容易入味；

3. 鸡肉易熟，炒至变色即可。

做法

① 鸡胸肉洗净、切2厘米左右小块，加入生抽；

② 加入水淀粉；

③ 搅拌均匀，腌渍10分钟左右；

④ 加入1大勺辣椒酱，抓匀，再腌渍10分钟；

⑤ 姜切丝、葱切段、红尖椒切成圈；

⑥ 锅烧热，放少许油，油热后放入姜葱爆出香味；

⑦ 放入腌渍好的鸡肉和大杏仁，快速翻炒；

⑧ 鸡肉变色后，加入剩余的辣椒酱；

⑨ 加入白砂糖；

⑩ 放入辣椒圈；

⑪ 淋入高度白酒；

⑫ 快速翻炒均匀即可。

星期三,
舒缓压力

十分钟补钙早餐饼:
虾皮韭菜黄豆饼

　　优质的钙质来源,其实就潜伏在我们日常的饮食中,比如芝麻、牛奶、酸奶、海带、虾皮、紫菜、木耳、黑豆等这些都是补钙的佳品,也是经常出现在我家餐桌上的食材。其中我最爱的是虾皮,它是我家基本不断货的储备,平时打个汤、煎个蛋、拌个凉菜,都可以捏一小撮儿虾皮撒进去,要将补钙培养成一种习惯。

　　这款早餐饼色彩缤纷,新一天的开始嘛,心情很重要。

材料

主料：面粉 50g、黄豆粉 25g、鸡蛋 1 个
配料：韭菜 50g、小虾皮适量、红椒 1/2 个
调料：油 2 茶匙、盐适量、香油少许

准备

韭菜切碎，红椒切粒；

私房秘籍

1. 黄豆粉也可以用玉米面代替，或者全部用白面也可以，但个人觉得加入粗粮好吃；

2. 虾皮炒一炒会更香，如果不喜欢也可以直接放生虾皮；

3. 烙饼的时候用小火，如果用大锅，导热会更快，注意时间的把控；

4. 表面淋少许香油，味道非常棒。

做法

❶ 将面粉和黄豆粉混合，加入适量温水，合成就均匀面糊，面糊的稠度以可以用手指捏起为宜；

❷ 虾皮用少量油小火煎香，盛出待用；

❸ 鸡蛋打散，放入切碎的韭菜；

❹ 再放入一半虾皮和少许盐，搅拌均匀；

❺ 锅中加少许油，烧热后将面糊放入锅中抹平、压实；

❻ 在表面倒入混合蛋液；

❼ 表面撒上剩余的虾皮；

❽ 为了丰富口感，我又撒了些没炒过的虾皮，也可以不加；

❾ 最上面撒上红椒粒，加锅盖中火烙 2 分钟，转小火烙 3~5 分钟，至面糊熟透；

❿ 开锅后，淋入适量香油即可。

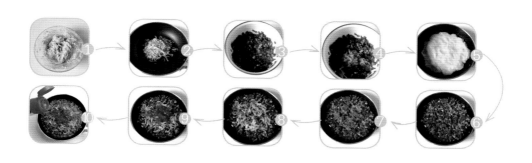

大概是北方海鲜少的原因吧，我从小就喜欢吃鱼虾，早些年这待遇只有赶上节日才有，后面它们出现在餐桌上的频率就越来越高了。我老妈老爸也很喜欢喜欢给我做鱼、做虾吃，在他们的观念里，多吃鱼虾会聪明。

且不说是否会变聪明这回事，但虾富含钙质这一点是毋庸置疑的，其所含的钙量居各种动植物食品之冠，而且虾肉味道鲜美、营养丰富，还含微量元素硒，补脑又补钙。

材料

主料：鲜虾 300g

配料：姜 1 块、葱 1 根

调料：八角 1 个、花椒 20 颗、料酒 1 大勺、盐适量、醋 1 大勺

私房秘籍

1. 做盐水虾最好采用鲜虾，才有鲜嫩的口感；

2. 加入适量料酒可以去除虾的腥味；

3. 八角和花椒不必放太多，以免掩盖了虾本身的鲜味；

4. 虾在盐水中焖 10 分钟，可以使虾更加入味。

做法

① 鲜虾洗净、剪去虾须，用牙签插入背部中段；

② 轻轻剔除虾线，再次用清水冲净；

③ 葱切段，取一半姜切片；

④ 锅中加入适量的清水，放入葱段姜片；

⑤ 再撒入八角和花椒；

⑥ 最后加入适量料酒，大火煮开；

⑦ 倒入鲜虾，转中火煮 2 分钟；

⑧ 加入适量盐，继续煮 3 分钟；

⑨ 加锅盖焖 10 分钟，让虾彻底入味；

⑩ 焖虾的过程中，制作姜醋汁，剩余的姜切末，放入碗中；

⑪ 根据个人口味加入适量醋；

⑫ 充分搅匀，作为姜醋汁，吃虾时蘸食即可。

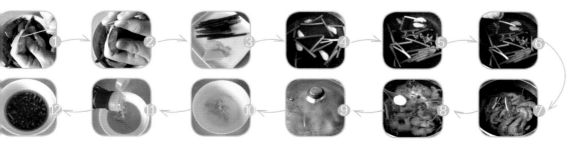

星期四,
黎明曙光

提起炒河粉，广东的朋友再熟悉不过了，无论是早餐、夜市、还是大排档，都不可能没有那一碗油亮亮的炒河粉。原本是最最家常的小吃，却曾被美国《洛杉矶时报》评为年度十大食谱的冠军，一跃成为世界级的明星美食。

在广州、香港以及海外的粤菜酒家、茶餐厅，干炒牛河几乎成为必备的菜色。干炒牛河的做法很多，最常见的是以芽菜、河粉与牛肉等炒制而成，且牛肉要先炸后炒。自家炒河粉，材料、做法都相对随意一些，手边没有芽菜，干脆忽略，担心健康，牛肉也免去了炸的步骤。作为家常果腹，不求正宗，吃得舒服最重要。

材料

主料：牛肉 100g、河粉 150g
配料：青尖椒 1 个、红尖椒 1 个、小葱 1 根
调料：油 1 大勺、生抽豉油 1 大勺、鸡粉适量

私房秘籍

1. 可随个人喜好加入豆芽或者绿叶青菜，口感更佳丰富；

2. 河粉易熟，不用翻炒过久，以免过烂影响口感；

3. 由于生抽豉油、鸡粉均已有咸味，不用再另外放盐。

做法

① 青红尖椒切圈、牛肉切片、葱切段；
② 锅烧热，加少许油，放入牛肉片；
③ 炒至牛肉变色，放入河粉；
④ 加入 1 大勺生抽豉油；
⑤ 翻炒均匀后，放入青红尖椒圈；
⑥ 放入葱段和鸡粉，翻炒均匀即可。

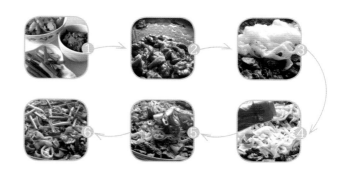

剩米饭打造"余粮满仓":

鲜虾碧玉生菜饭包

米饭是餐桌上不可缺少的主食之一，如果每天可以吃到现煮的米饭当然最好，但是对于经常加班的上班族来说，实现起来有点儿困难，一周吃那么两三次剩饭是难免的事情。不过，我家不怕吃剩饭，我会想尽办法补回它的营养，把它重新变成美味。

炒饭时我选择了鲜虾、木耳、鸡蛋和胡萝卜做配菜，仅用一点点油来炒，充分填补剩米饭所流失掉的营养，同时也控制了油脂的含量。最后选择生菜做外衣，这样就五色俱全了，而且吃起来口感层次更加丰富。

吃不完的鱼，我们把它叫做"年年有余"，那么吃不完的饭，我喜欢把它叫做"余粮满仓"。看这一个个小饭包，像不像一个个小粮仓，储藏着我们余下来的粮食，为我们带来富足和好运。

材料

主料：剩米饭 1 碗、鲜虾 3 个、鸡蛋 1 个
配料：胡萝卜 1/2 根、香菇 3 朵、球形生菜 1 棵、韭菜 1 棵
调料：油少许、盐适量、鸡精少许、蚝油 2 茶匙、水淀粉 1 大勺

准备

鸡蛋取蛋清，胡萝卜去皮切丁，香菇切丁；

私房秘籍

1. 生菜一定要选择球形生菜，叶片较大比较容易包起来；

2. 不要选择虾仁，最好用鲜虾，口感较好；

3. 选蛋清主要为了颜色搭配，也可以用全蛋；

4. 蚝油不要太多，浇汁颜色太深影响美观。

做法

① 鲜虾处理干净，焯烫至熟，去皮切碎；
② 锅中烧水，水开后放入生菜叶焯烫至软；
③ 炒锅中加少许油，放入蛋清液炒散后盛出；
④ 另起锅，加少许油，烧热后放入胡萝卜丁和香菇丁；
⑤ 炒香后放入米饭；
⑥ 炒均匀后放入炒好的蛋清和虾肉；
⑦ 加入少许鸡精和盐调味，炒匀后盛出；
⑧ 将焯烫好的生菜叶铺开，放入 1 大勺炒饭；
⑨ 拎起边缘包裹起来，用韭菜系住口；
⑩ 将饭包放入蒸锅，大火蒸 5 分钟；
⑪ 另起锅中加少许水烧开，放入蚝油和水淀粉搅匀，作为浇汁待用；
⑫ 蒸好后的饭包取出，浇上蚝汁即可。

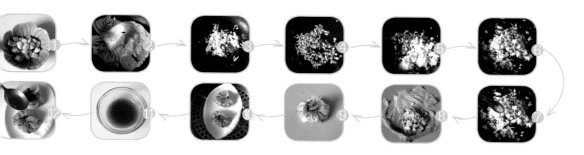

星期五，
轻松上阵

盖浇饭是每一个忙碌的人都体验过的吃法吧，它的主要特点就是又快又美味，饭菜结合，食用方便，既有主食，又有菜肴，吃得又饱又满足。

盖浇饭的另一大优点是快而热，随时吃都暖暖的，不会让胃不舒服。咖喱是很适合天凉的味道，微微的辛辣会使身体变暖，周五是黎明前的曙光，就让这一丝暖意来预热一下吧。

材料

主料：土豆 1/2 个、胡萝卜 1/2 个、牛肉 1 块、米饭 1 碗
配料：姜 1 小块、大葱 1 段、八角 1 个
调料：油 1 大勺、咖喱 2 块、料酒少许、生抽适量

准备

牛肉、胡萝卜切丁，土豆去皮、切丁、浸入冷水中，葱、姜切末；

私房秘籍

1. 也可以采用咖喱酱，使用更加方便；
2. 配料可以根据个人喜好来选择。

做法

① 水烧开，放入八角，再放入牛肉丁；
② 煮至牛肉变色，捞出沥干；
③ 另起锅，放入土豆丁、胡萝卜丁和切小块的咖喱；
④ 炒匀后放入少许水；
⑤ 煮至汤汁浓稠，盛出待用；
⑥ 锅中加适量油，烧热后放入葱姜末煸炒；
⑦ 炒香后放入牛肉丁；
⑧ 加入少许料酒；
⑨ 再加入适量生抽；
⑩ 炒匀后放入之前炒好的咖喱土豆丁、胡萝卜丁，炒匀后浇在米饭上即可。

挡也挡不住的鲜香诱惑：

香辣海鲜锅

　　　　　　　　美味，就是不经意的一种味道，却
　　　　　　　会让你永远惦记。偶然吃过一次好吃的
　　　　　　海鲜锅，接下来的日子，会时不时惦记
起那个味道。与其怀念，不如相见，就凭着记忆来复制吧。

　　香辣诱人的海鲜锅，不出二十分钟，就可以热气腾腾地上桌了，香气扑面而来，诱惑挡也挡不住。看看这一小锅，材料相当丰富，都透着一个字儿：鲜。微凉的天气里，一家人，守着这热气腾腾的一锅鲜，吃着，暖着，享受着……

材料

主料：虾 250g、蛤蜊 150g、各式鱼丸、蟹棒 150g

配料：香芹叶适量、洋葱 1/4 个、姜 1 小块、葱 2 根、干辣椒 3 个

调料：油少许、海鲜酱油 1 大勺、辣椒酱 2 大勺

准备

各式鱼丸、蟹棒切小块，洋葱切丝，姜切片，葱切段；

私房秘籍

1. 注意要用微波炉可用的耐热容器，普通玻璃容易炸裂；

2. 水不要加太多，微波加热水汽不易蒸发，水分太多影响口感；

3. 加热时间供参考，视自家微波炉功率调节；

4. 辣椒油需趁热浇入，会使食材充分散发出热辣的香气。

做法

❶ 容器中加入少许油；

❷ 加入 2 大勺辣椒酱；

❸ 充分搅匀后，加入姜片和葱段；

❹ 加入虾、蛤及各式鱼丸、蟹棒；

❺ 表面撒上切好的洋葱丝；

❻ 加水，至全部食材的 1/3 处；

❼ 加入 1 大勺海鲜酱油，翻拌均匀，送入微波炉，高火加热 8 分钟；

❽ 取出上下翻拌均匀，再次放入微波炉，高火加热 8 分钟；

❾ 将新鲜的香芹叶撒在表面，送入微波炉，高火加热 3 分钟左右；

❿ 另起锅，用干辣椒榨油，趁热浇在海鲜锅中，拌匀即可。

1. 朋友是那个可以与你一起加油奋斗的人；

2. 朋友是那个在你伤心失落时可以给你安慰的人；

3. 朋友是那个可以跟你一起笑、一起哭、一起一醉方休的人。

1 小时可以吃大餐

注：便饭适合 3~5 人，统筹安排时间，1 小时内完成。

菜单：（朋友小聚，凸显创意、个性、快捷）

主菜：冰花梅酱烧排骨＋果香红酒烤鸡翅

小吃：培根杂蔬卷

朋友小聚
最欢乐

女士大爱的精致排骨：

冰花梅酱烧排骨

但凡吃排骨，我都喜欢斩成极小的小段，甚至不及寸长。这样做，其实不仅仅是为了吃着方便，还有一个好处，就是烹制时间也会缩短，对于上班族来说，下班回家吃顿排骨，也不是麻烦事。

这款排骨用了冰花梅酱，冰花梅酱的配料中，有一味是酸梅，用它烹制的菜肴，细品也会有一丝淡淡的话梅味。小巧精致的寸段儿排骨，酸甜诱人的甜蜜滋味，仿佛天生就是为女性准备的，这样的排骨吃起来，优雅的是心态，精致的是心情。

材料

主料：排骨 100g
配料：柠檬 1/2 个、姜丝适量、白芝麻少许
调料：油 1 大勺、老抽 1 小勺、限盐酱油 1 大勺、冰花梅酱
　　　1 大勺，盐少许

私房秘籍

1. 老抽是为了上色，少许即可，否则会太咸；
2. 柠檬汁的量根据个人口味调节，可以不加；
3. 冰花梅酱口味酸甜，用量根据个人口味调节；
4. 烧煮的时间视汤汁多少而定，汤快干时收汁即可。

做法

① 取一只干净的小碗，倒入限盐酱油；
② 再加入老抽；
③ 根据个人口味加少许盐；
④ 挤入少许柠檬汁；
⑤ 加入冰花梅酱，调和均匀作为料汁待用；
⑥ 锅中烧水，水开后放入排骨焯烫；
⑦ 排骨变色后捞出，洗去浮沫；
⑧ 另起锅，加适量油，油热后，放入姜丝爆香，在加入排骨；
⑨ 翻炒至排骨微黄，加入料汁；
⑩ 炒匀后，加少许水，水位至食材 1/2 处；
⑪ 小火烧 10 分钟；
⑫ 大火收汁，出锅后撒上少许白芝麻即可。

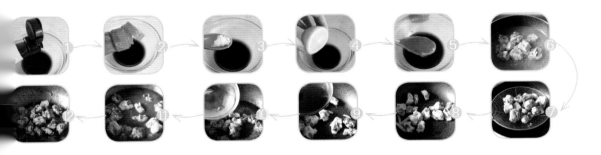

装点餐桌的异国情调：

果香红酒烤鸡翅

　　普罗旺斯是我一直向往的地方，或许正因为终年充满阳光，那里的人民热情好客、物种富饶肥美、菜色美味多样。这个地中海的阳光国度，到处充满着最鲜艳、最夺目的色彩：明红、嫩绿、金黄、油黑、宝蓝、酱紫。热烈的色彩不仅仅装点着生活，甚至点缀了餐桌，填满了餐盒。

　　不知你有没有感觉到，当色彩丰富的时候，人的心情会自然地开朗起来。所以，在某种意义上说，无论是普罗旺斯风味，还是地中海特色，代表的不仅仅是一种口味，更多的代表了一种轻松愉悦的氛围，一种亲切自然的态度。

　　增加色彩，让我们先从餐桌开始吧，在自家的厨房里演绎一场异国情调，为餐桌增加多彩的元素，为餐盒添加温暖的阳光，更为我们自己增添一份美好的心情。

材料

主料：鸡全翅 2 个（约 200g）
配料：小苹果 1 个、青红尖椒碎少许
调料：普罗旺斯烤肉料 10g、红酒 2 大勺、蜂蜜适量

私房秘籍

1. 烤肉料也可用温水调开，采用红酒调更加增添风味；

2. 鸡翅涂抹料汁之前，先划几刀，料汁更易渗入，味道浓郁；

3. 建议鸡翅多腌渍一会儿，可以更加入味；

4. 腌渍好的鸡翅刷一层蜂蜜，不仅使色泽更光亮，口味也更上一层楼；

5. 苹果容易软熟，不要切得太薄；

6. 烤前一定要将锡纸折好，特别是边角处不要漏缝，以免汤汁流出。

做法

① 将红酒倒入普罗旺斯烤肉料；

② 搅拌均匀，作为料汁待用；

③ 鸡翅洗净，正反面各划几刀，以便入味；

④ 将鸡翅放入保鲜袋，倒入调好的料汁；

⑤ 戴上一次性手套，反复揉匀，让料汁渗入鸡肉，之后用保鲜袋包好，腌渍 3 小时以上；

⑥ 腌渍好的鸡翅取出，均匀刷一层蜂蜜；

⑦ 苹果洗净，切薄片；

⑧ 将苹果片铺在锡纸上；

⑨ 将鸡翅放置在苹果片上；

⑩ 浇上剩余的料汁；

⑪ 锡纸包好，四角折紧；

⑫ 放置于炉上，烤 10 分钟左右即可。

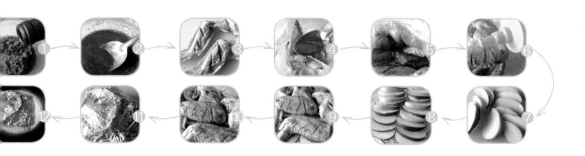

过惯了两点一线的生活，也不能忽略明媚的阳光。选一个鸟语花香的日子，牵起最爱的家人和朋友，暂别城市的喧嚣，一起到郊外去踏青。

美景当前，心情自然舒畅，如果再加上美食，就更加完美了。郊游踏青，各自带上自制的特色便当，百家百种滋味，那场面必定拉风。而且，色彩丰富的美食一旦出现，定会将聚餐的热度推向高潮，再加上诱人的味道，更会让大家迅速拉近彼此的距离。

这款拉风便当，精选优质培根，小火煎至香味溢出，卷起各式清甜蔬菜，制作花不了十几分钟，带来的满足感却可以无限延续。香喷喷的杂蔬卷，既解馋、又解腻。

材料

主料：培根 8 片
配料：火腿 2 片、黄瓜 1/2 根、金针菇 1 小把、红、黄彩椒
　　　各 1/2 个、生菜 1 棵
调料：橄榄油 2 茶匙

准备

红、黄彩椒、黄瓜、火腿均切细丝；

私房秘籍

1. 各种配料切细丝，越细越好；

2. 金针菇要提前焯烫至熟才可以使用；

3. 培根片的大小可根据菜量裁剪，以能够卷起为准；

4. 也可先用培根卷好各式蔬菜，再入锅煎熟，根据个人习惯选择。

做法

❶　锅中烧水，水开后放入金针菇焯烫至熟，捞出沥干水分待用；

❷　锅中刷一层橄榄油，放入培根；

❸　小火煎至培根变色，油脂渗出；

❹　取一片培根放入盘中，上面放入适量红、黄彩椒丝、金针菇、黄瓜丝和火腿丝；

❺　从上到下卷起，便当盒中铺一层生菜，将培根卷码入即可。

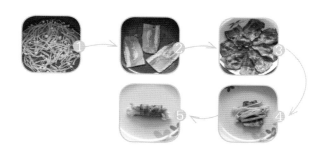

1. 家是妈妈在灯下为我打毛衣；

2. 家是爸爸在雨中等着放学的我；

3. 家是奶奶蒸的松软大馒头；

4. 家是爷爷讲着过去的故事。

最幸福的事，就是全家人在一起

在这个快节奏的社会里，每个人都很忙，孩子们忙着上学、忙着做作业、忙着培养兴趣爱好；大人们忙着打拼、忙着交际应酬；老人们忙着照顾儿孙、忙着为儿女操持家务，似乎每个人都在为自己的角色忙碌着，却很少有机会去关心身边的人，与家人坐在一起吃饭，渐渐变成了一种奢侈。

其实，家庭聚餐，并不仅仅是过年过节的形式，不仅仅是一起吃饭那么简单。当我们全心投入地与家人在一起，会带给我们不可估量的快乐。

对孩子来说，与家人一起吃饭，为他们提供了一个可以倾听、可以思考、可以组织自己语言的机会。孩子们更多地参与到成人的世界中，会远离电脑、电视，会更容易与大人成为朋友，更愿意敞开心扉与大人交流。

对老人来说，家庭聚餐本身就是一种莫大的欣慰，看着儿孙满堂、其乐融融，会让他们更多地感受到亲情，从儿孙身上感受到温暖，不会产生被冷落的失落感。

而对于我们自己，家庭聚餐是让我们放松的最佳方式。在最亲近的家人面前，我们无需伪装自己，可以脆弱、可以感性、可以呈现最真实的一面，即使在工作中遇到了挫折，也会在这些最亲爱的人面前展露笑容，会不经意间从家人的话语和眼神中，找回更多前行的力量。

珍惜每一个与家人在一起的机会吧，这是我们最大的财富。

陪陪家人
尽孝心

菜单：（家人聚餐，凸显清淡、营养、健康）
主菜：沙葛炒鸡片＋改良版黄焖鸡
小吃：豉椒袖珍鱿鱼卷

拥有双重身份的大块头：

沙葛炒鸡片

这个憨憨实实的大块头，淡黄的外衣沾着些许泥巴，闻起来有股干干的泥土气息，它的名字叫沙葛，原产自热带美洲，后来传入中国，一般在南方栽培比较多。

别看沙葛长相粗犷，却有一颗细腻的心，削去外皮，一眼可见雪白的果肉。可以像吃水果那样直接吃，清脆爽口、味甜多汁，也可以把它做熟了吃，肉质脆嫩、细腻甘甜。生熟皆可、冷热相宜，真是好东西。另外，沙葛中还富含植物性蛋白质、纤维和维生素，具有生津止渴、清凉祛热、降血压的功效。

材料

主料：沙葛 1 个、鸡肉 100g

配料：青尖椒 1 个、红尖椒 1 个、葱 1 根

调料：油 1 大勺、海鲜酱油 1 大勺、盐 1/2 茶匙、白砂糖少许

私房秘籍

1. 鸡肉易熟，炒至变色即可；

2. 沙葛片不要切得太厚，薄一些易熟，且口感清脆；

3. 加入少许盐，可以提味，使菜的味道更鲜美；

4. 酱油不要太多，以免掩盖住沙葛的清甜味道。

做法

① 沙葛去皮、切片，鸡肉切片，青红尖椒洗净、切大块，葱切段；

② 锅中倒入少许油，油烧热后放入鸡片；

③ 炒至鸡片变色，放入沙葛；

④ 翻炒 3 分钟左右，放入青红尖椒块和葱段；

⑤ 继续翻炒 1 分钟，加入少许盐和白砂糖；

⑥ 倒入海鲜酱油，翻炒均匀即可。

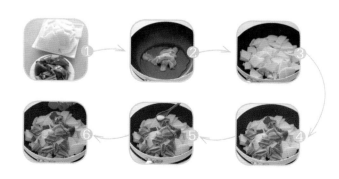

半小时搞定的宴客大菜：
改良版黄焖鸡

时间有限的情况下，又想保证肉味够足、肉质够嫩、滋味够浓，就要想想办法了。我的秘密武器就是压力煲，原本需要几小时的烹制，用压力煲可以将时间缩短到一半、甚至三分之一，绝对是强大的快捷工具。

可能会有同学觉得用压力煲难以掌握时间，一不小心就压过头了，肉质太烂没嚼劲。对于这一点，我的观点是宁短勿长，加压时间短了，觉得还不够软，可以稍稍再加工一下，也很方便，但如果压过了头，就再也无法挽救了。就我的经验，鸡鸭肉、小排骨 10 分钟左右就足够了，牛羊肉、大块排骨 15 分钟左右。即便喜欢软烂口感的，也最好不要加压超过 20 分钟。

喷喷香的黄焖鸡，还没进屋就香气扑鼻了，而且半小时就可以上桌，即使客人临时登门，也不必惊慌，一边跟客人嘘寒问暖，一边就可以从容地端出宴客大菜来。

材料

主料：土鸡 1/2 只

配料：干木耳适量、干香菇 10 朵、姜 1 块、干辣椒 3 个、青蒜 1 颗、蒜 2 瓣

调料：料酒 2 大勺、蚝油 2 大勺、生抽 2 大勺、老抽 1 大勺、盐 1/2 小勺、白糖 1 小勺

私房秘籍

1. 如果没有压力煲，也可以用普通的锅，注意延长炖制时间；

2. 压力煲的水分保持功能很好，清水无需加太多，炖出的肉味道更香浓；

3. 青蒜最后再放，利用余温焖熟，会使菜的香气更浓郁；

4. 利用这个配料方法，可以举一反三做其他肉类，也很好吃。

做法

① 半只鸡斩成大块，干香菇、干木耳用温水泡发，姜去皮切片，蒜切片，青蒜切段；

② 鸡肉倒入大碗，放入姜片，料酒和蚝油；

③ 充分搅拌均匀，盖上保鲜膜，腌渍 15 分钟；

④ 将腌渍好的鸡肉连同腌渍的料汁一起倒入压力煲；

⑤ 加入泡发的木耳、香菇、蒜和干辣椒；

⑥ 根据个人口味调入生抽和老抽；

⑦ 加入适量盐和糖，翻拌均匀；

⑧ 加入清水至食材 2/3 处，拌匀，选鸡鸭功能，烹制 10 分钟，排气后放入青蒜，盖上盖子，焖 3 分钟即可。

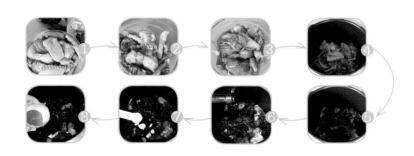

四两拨千斤的提鲜美味：
豉椒袖珍鱿鱼卷

鱿鱼的吃法很多，我老妈最喜欢用韭菜炒鱿鱼，在她看来，这是鲜上加鲜的搭配，而且很执着，几乎没见过她尝试其他做法。我呢，则喜欢多元化，喜欢尝试新鲜，所以更喜欢尝试多种做法和口味。

介绍一道超级下饭的豉椒炒，豆豉是个神奇的东西，无论放在哪里，都能立刻使这道菜风味十足，而且豆豉与辣椒是绝配，在我的观念里，它俩坚决不可以单独出现。

当然啦，在这道豉椒鱿鱼卷中，出彩的不是豉椒，而是极尽鲜美的小鱿鱼。鱿鱼个头小，所以切出来的卷也小，炒熟之后就更加袖珍啦。别看小，却起到了四两拨千斤的作用，正是因为这些小卷，使得这盘小菜鲜美之极。

材料

主料：鱿鱼 1 只

配料：红尖椒 1 个、青尖椒 1 个、蒜苗 1 根、姜 1 小块

调料：油 1 大勺、豆豉 1 大勺、酱油 1 大勺

准备

鱿鱼处理干净、切成小块、再切花刀，红、青尖椒分别切块，蒜苗切段，姜切丝；

私房秘籍

1. 鱿鱼先焯烫一下，洗去表面浮沫；

2. 鱿鱼不要焯烫太久，变色即可，以免影响口感；

3. 盒装的豆豉会有些干硬，使用前最好用清水泡软。

做法

① 锅中烧水，水开后放入鱿鱼焯烫，待变色后立即捞出，洗去浮沫；

② 锅中加少许油，烧热后爆香姜丝，放入鱿鱼块；

③ 待鱿鱼开始卷起，放入青、红尖椒块；

④ 翻炒 1 分钟，放入清水泡软的豆豉、蒜苗和酱油，翻炒均匀即可。

1. 设计菜单；

2. 提前采购；

3. 家居布置；

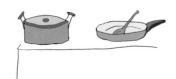
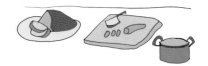

4. 餐前小点；

5. 统筹安排。

宴客根本不发愁

小菜挑动味蕾

童心未泯的伴手零食:
三色沙沙配薯片

色彩鲜艳的食物往往会在第一时间勾起人们的食欲，所以作为给客人的第一道菜，颜色最好缤纷起来，可以瞬间留给客人一个轻松愉悦的心情。

这道简单的餐前小菜，看起来色彩缤纷，做起来却极其简单。选几款新鲜的蔬菜水果，切成小粒、加上调料，拌成爽口的小菜，配上薯片吃，很清脆。谁说大朋友不能吃零食，偶尔也来吃，吃出快乐的童心。

材料

主料：番茄 1 个、洋葱 1/2 个、鳄梨 1/2 个、芒果 1 个
配料：红椒 1 个、香菜 2 根
调料：盐适量、黑胡椒粉少许、橄榄油适量

准备

各种食材分别切成碎丁；

私房秘籍

1. 鳄梨富含健康油脂，是非常营养的食材；
2. 这款小菜可以直接吃，但是配上薯片更多乐趣。

做法

① 取第 1 个容器放入鳄梨丁，加入黑胡椒粉；
② 再加入少许橄榄油；
③ 加入适量盐，充分拌匀；
④ 取第 2 个容器放入番茄碎，加入洋葱碎；
⑤ 加入黑胡椒粉；
⑥ 再加入少许盐；
⑦ 加入适量橄榄油；
⑧ 再加入切碎的香菜，拌匀；
⑨ 取第 3 个容器放入芒果丁与洋葱混合；
⑩ 加入红椒碎和香菜碎；
⑪ 加入少许盐；
⑫ 再加入适量黑胡椒粉；
⑬ 最后加入适量橄榄油，充分拌匀，以上 3 种口味搭配薯片一起吃即可。

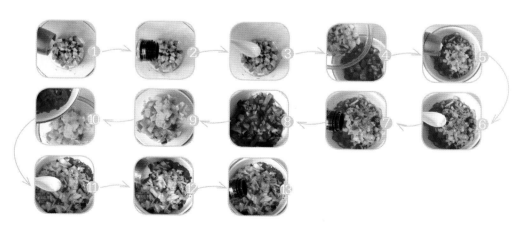

实现味蕾的异域之旅：

傣味柠檬鸡

云南的气候似乎一年四季都很热，所以当地的饮食习惯以酸辣为主，大多菜都很爽口，吃了很开胃。今儿这道傣味柠檬鸡就是一道很有代表性的云南菜，据说在西双版纳这道菜又被称为"鬼鸡"。柠檬鸡可以用整只鸡来做，我偷个懒，用的是鸡腿，吃起来比较方便。

同样是酸，用柠檬调味与用醋绝对不可同日而语，那种酸中带着微甜，吃到口中又清香满口的滋味，会给味蕾带来全新的感受。

材料

主料：鸡腿 2 只

配料：小米椒 4 个、蒜 3 瓣、姜 1 小块、柠檬 1 个、香菜 2 棵

调料：盐少许、糖少许、花椒适量、鱼露少许、料酒适量

准备

姜一半切末、一半切片，蒜切末，小米椒切碎，香菜切段；

私房秘籍

1. 焯烫鸡腿时加入姜和花椒可以去腥；

2. 如果喜欢吃鸡皮，可以取下切条，与鸡肉一起拌；

3. 鱼露可在超市买到，不少云南、泰国、印度菜中会用到，没有也可以省略；

4. 这道菜也可以用完整的鸡斩成小块来做。

做法

① 鸡腿洗净，放入锅中，加水没过鸡腿，放入姜片和花椒；

② 加入适量料酒，大火煮开，转中火煮至鸡腿变色；

③ 将鸡腿捞出，洗去表面浮沫；

④ 凉凉后去掉鸡皮，将鸡肉撕成丝；

⑤ 放入姜末、蒜末和切碎的小米椒；

⑥ 加入少许盐和糖；

⑦ 将柠檬切开，挤入柠檬汁；

⑧ 再根据个人口味加入少许鱼露；

⑨ 最后在上面撒入切小段的香菜；

⑩ 用筷子充分拌匀即可。

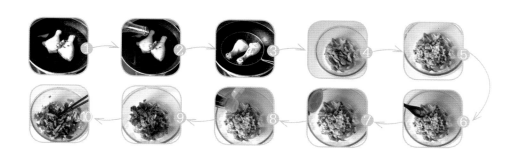

1.举举哑铃，告别蝴蝶袖；

2.挥挥球拍，活动肩颈腰；

3.做做倒立，甩掉大象腿；

4.伸伸腰肢，找回小蛮腰。

中秋节

新年

母亲节

圣诞

情人节

　　节日里，为了凸显与平日的不同，我喜欢把餐桌装饰一下，相信精致漂亮的餐桌布置，不仅会为节日增添气氛，更可以为就餐的人带来好心情。布置餐桌的道具不需要太复杂，可以就地取材，鲜花、水果、卡片、餐具、桌布，以及各种应景的小物品，都是不错的选择。

　　春节是家人团聚的日子，餐桌更是重头戏，红火是新年的主色调，所以在餐桌上增添一些红色元素，一定可以让人眼前一亮。当除夕的钟声在耳畔响起，全家人共同举杯，共同寄托对新一年的无限祝福。

　　情人节属于二人世界，亲自动手下厨的心意，更可以成为彼此感情的催化剂。有了精心制作的美味，如果再配上精心装点的餐桌，那浪漫的效果一定加倍。点上红烛，倒上红酒，开启若有若无的背景音乐，爱情就在不知不觉中升温……

　　圣诞节的焦点就在餐桌上，除了传统的大红、大绿元素，还应该增加一些小物件，比如圣诞老人装饰物、各种颜色的圣诞球、蜡烛、彩色饼干，都会显得非常有心意。

　　母亲节的餐桌则凸显温馨，饰品的选择得要恰到好处，既温暖又不失时尚。让妈妈在我们精心布置的环境下享受一顿美味，感受我们满满的爱意。

　　家是最能代表"团圆"的地方，一些传统节日，比如中秋、元宵、端午，如果为餐桌增添一些传统元素，就显得格外有心意了。

人人都有私房菜：
香草番茄烤鸡

忘记了从什么时候开始，"私房菜"突然火起来，但凡大小的聚会，不再总是奔着宽敞明亮、高级奢华的大饭店，而是走街串巷、拐弯抹角地找那些并不显眼、甚至有些隐蔽的门脸儿，某某私房菜，似乎充满了诱惑的味道，让人禁不住内心的期待，想一探究竟。

这就是我对私房菜的第一印象，神秘而低调，加上常常是不菲的价格。后来，偶然了解了私房菜的定义，才恍然大悟：所谓的私房菜馆，从环境到服务，所满足的都是人们对家庭温暖的渴望，让人置身于家庭氛围中，轻松舒适地享用每一款精细的食物。

这么说来，但凡热爱厨房、热爱美食的人，人人都可以拥有属于自己的私房菜，不必追溯宗派、不必讲究套路、不必强求正宗，只需顺从自己的心意、追寻自己的灵感、做出自己的味道，任谁吃了都会永远记得，这，就是你的手艺、你的味道。

大菜
当仁不让

材料

主料： 鸡胸肉1块

辅料： 番茄1个、青红尖椒各1个、洋葱半个

调料： 混合香草少许、番茄酱少许、马苏里拉奶酪30g、生抽2汤匙、蜂蜜2汤匙、盐少许、油少许

准备

1. 洋葱切圈，青红尖椒切圈；
2. 马苏里拉切成条状；

私房秘籍

1. 用鸡腿肉烤制，比用鸡胸肉口感更加细嫩；

2. 鸡胸肉两面拍松，可使腌渍时更加入味；

3. 没有马苏里拉奶酪，也可以用普通的片状奶酪代替；

4. 鸡肉易熟，不需烤太久，以免肉质偏干，失去嫩滑口感。

做法

❶ 将鸡胸肉放在案板上，用刀背在鸡肉的正反面反复轻敲大约5分钟，使鸡肉松弛，腌时容易入味；

❷ 取一个番茄轻划十字刀，在明火上烤1分钟左右，即可轻松去皮；

❸ 番茄去皮，挖去内芯，切成丁；

❹ 番茄丁中加入少许盐；

❺ 加入番茄酱，搅拌均匀；

❻ 用搅拌后的番茄腌渍鸡肉10分钟；

❼ 在鸡肉中加入少许混合香草；

❽ 加入生抽和少许蜂蜜，再腌渍5分钟；

❾ 烤盘内铺上锡纸，淋入少许油，抹匀，铺上洋葱圈；

❿ 将鸡肉和番茄丁一同放在洋葱圈上，再撒上青红尖椒和奶酪，烤箱220度预热，放入中层，烤制10分钟左右。

家人团聚，最让人期待的就是坐在一起吃火锅的时刻，内容是什么并不重要，关键是气氛，一家人围坐在一起，热气腾腾的，边吃边聊，太惬意了。在我的印象中，火锅就代表着团圆，是团聚时刻不可缺少的大菜。

火锅还有一个特点，就是不拘于内容，可以根据个人的喜好，家庭的口味和人数来变换。海鲜锅是我们全家人都比较喜欢的一类，因为海鲜类都比较易熟，做起来也是最省时省力的。

这款海鲜锅类似炖锅，调料会加在锅中，与食材一起煮，味道更浓郁。为了提鲜，除了鸡汤，我还在汤中加了少许蚝油和海鲜酱，这样会使海鲜更加入味，汤也会变得更鲜一些，可直接喝。如果是口味较重的朋友，也可以加入生抽、豉油等其他调味料，还可以将各种料汁调匀，作为蘸料蘸着吃。

材料

主料：青口贝3只、鱼块2块、虾6只
配料：芹菜1根、豆芽50g、青尖椒1个、红尖椒1个、茼蒿60g
调料：蚝油15g、酱油10ml、海鲜酱15g、清鸡汤800ml

准备

茼蒿、芹菜切段，青、红尖椒切丝；

私房秘籍

1. 清鸡汤做锅底会更加鲜美，没有也可用清汤代替；
2. 汤中添加的调料可根据个人口味调节；
3. 海鲜易熟，不需要煮太久，变色后再煮1分钟即可。

做法

1. 将处理好的各种蔬菜放在锅的底部；
2. 在蔬菜上面摆好各式海鲜待用；
3. 清鸡汤中加入酱油；
4. 再加入蚝油；
5. 最后加入海鲜酱，搅匀后煮开；
6. 煮好的汤倒入盛有食材的锅中，大火煮沸后再煮3分钟即可。

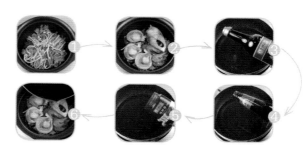

1. 开心时，甜品可以放大快乐；

2. 难过时，甜品可以化解失落；

3. 喧闹时，甜品可以加速激情；

4. 安静时，甜品可以抚慰心灵。

甜蜜就是两个人在一起

　　广州是一座甜蜜的城市，漫步大街小巷，入眼最多的就是糖水铺，三步一停、五步一站，让你想无视那份甜蜜都不行。所以在这里，无论是短暂路过还是长久居留，都会被这份甜蜜所感染，不知不觉爱上她。

　　自从第一次来广州，就爱上这个城市的甜品，从糖水到点心，花样真的太多太多，既可以作为饭后的收尾，也可以作为夜宵的小点，冬天吃热的暖身，夏天吃凉的消暑。似乎不论哪个时刻，都可以找到吃甜品的理由。如果喜欢，你甚至可以一家一家吃下去，吃到满足也不会重样。

　　不知当初毕业后我义无反顾地来到广州，是否与这份甜蜜有关，但可以肯定的是，这份甜蜜在很多时候可以给我带愉悦。甜食本身就与快乐相关，我坚信，爱甜品的人，都是乐观的人。自打定居广州后，对甜品的热爱只增不减，不过，却越来越少吃成品，更喜欢自己在家 DIY。

　　虽说买现成的省事，味道也更美，但说实话，外卖的东西难免会添加非自然的添加剂，以至于不是太甜、就是太香，吃得太多，就开始担心对身体造成的负担。所以为了让自己和家人都免去后顾之忧，还是自家做得好，分量、材料、口味都是自己说了算，量身打造的 VIP 享受，还可以节约开销，一举多得。

甜品
完美收尾

布丁大家都吃过，是一道简单的西式甜点，做起来不难，吃起来讨喜，软软滑滑的口感让人难忘，香香甜甜的味道让人回味。与大家分享一款用米饭做的布丁，没错，主角就是米饭。想到做这个布丁，滑嫩的布丁中夹杂着软软的米粒，口感很特别，而且奶香很浓郁，中式的食物吃出了西式的范儿。

米饭变身可爱甜点：
草莓米饭布丁

材料

主料：米饭 100g、牛奶 180ml

配料：盐 0.4g、蛋黄 1 个、细砂糖 30g、鲜奶油 50g、香草精 2~3 滴

私房秘籍

1. 如果以香草荚代替香草精，味道会更好；

2. 煮米饭时要保持小火，并不断搅动，以免糊锅；

3. 烘烤温度和时间供参考，可根据自家烤箱调节；

4. 这款布丁最好不要用新煮的米饭来做。

做法

① 牛奶装入可加热的碗中，加入盐；

② 牛奶中滴入少许香草精；

③ 倒入米饭，搅匀后小火加热；

④ 一边煮一边用汤勺搅动，煮到黏稠后熄火；

⑤ 另取一只碗，放入细砂糖、鲜奶油和蛋黄；

⑥ 充分搅打均匀，至砂糖溶化；

⑦ 将煮好的米饭舀 1 勺放入蛋黄糊中；

⑧ 搅匀后再倒回米饭牛奶糊中；

⑨ 充分搅拌，使米饭和蛋黄糊混合均匀；

⑩ 将混合物倒入模具中 9 分满，烤盘中注入 2 厘米高的热水，放入模具，一起放入 175℃预热的烤箱中，烤约 35 分钟即可。

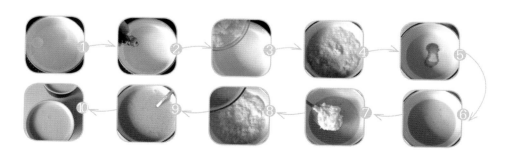

不过由于水果大多含糖较高，而脂肪、蛋白质含量却相对不足，所以我喜欢将水果与烘焙类的点心搭配，这样既可以补充维生素，也不会缺乏其他营养。

这款小煎饼其实做起来一点也不难，用一口平底煎锅就可以搞定了，加上水果和果酱的装饰，绝对是像模像样的下午茶。没有烤箱的朋友们，也可以很轻松地做出漂亮的点心来。

材料

主料：低筋面粉 75g、泡打粉 1/4 茶匙（1.5g）、鸡蛋 1 个、
牛奶 115ml、熔化的黄油 1 汤匙（15ml）
配料：蓝莓酱 1 茶匙、水果适量
调料：细砂糖 1 汤匙（15g）

准备

舀 1 大勺蓝莓酱放入袋子备用；

私房秘籍

1.面糊静置 30 分钟可以
使面粉中的筋性减弱，
使泡打粉能够更好地发
挥效果，吃起来口感更
加松软；

2.煎小饼使用普通的植
物油也可以，但黄油会
更香；

3.小煎饼不要太大，会
影响口感，也不宜熟；

4.最好用不粘锅，保证
不粘效果会更好。

做法

① 将鸡蛋充分打散，加入牛奶；

② 再加入熔化的 1/2 黄油，充分搅拌均匀；

③ 将过筛后的低筋面粉，与泡打粉和细砂糖混合放入碗中，再把刚刚混合好的液体慢慢倒入面粉中，一边倒一边搅拌，直到完全混合均匀，放置冰箱冷藏室静置 30 分钟；

④ 将面糊从冰箱中取出，恢复至常温（约 15 分钟左右）；

⑤ 平底不粘锅中放入剩下的 1/2 黄油，用厨房纸巾将其涂抹均匀，中火加热；

⑥ 取 1 大勺面糊舀入锅中，待面糊摊开至想要的大小时，立刻停止浇入面糊，转小火烙 2 分钟左右；

⑦ 待一面变的金黄，翻面再烙 1 分钟盛出；

⑧ 取一个小饼放盘中，小金橘对半切开，放在小饼上；

⑨ 再加一个小饼，放上切块的黄桃；

⑩ 再放一个小饼，挤上蓝莓酱、点缀上喜欢吃的水果即可。

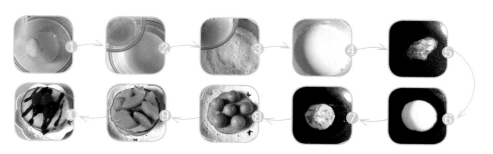

1. 休闲的时候，来点小吃就更完美了；

2. 可那些市售零食，让人望而却步；

3. 还是自己动手吧，想吃啥就有啥~

做零食的小工具 1

做零食的小工具 2

做零食的小工具 3

做零食的小工具 4

　　虽然，吃零食不是什么好习惯，可是有些时候，手边要是不备着点、嘴里要是不嚼着点零七八碎的，总觉着那么别扭。比如看电视、看电影的时候，比如做飞机、坐火车的时候，再比如，坐在电脑前边写东西的时候……

　　总之呢，跟朋友聊天小聚的时候，零食少不了，一边吃、一边聊，才更容易让人身心愉悦嘛。一个人自娱自乐的时候，零食更少不了，一边吃、一边玩，日子才不会孤单、时光也不会寂寞。

　　认真的人，无论干啥都要有钻研精神，这吃也不能例外，经过我的研究总结，这适合非正餐时间吃的东西，一定要具备几个显著特征：体积小、滋味足、方便取放。除此之外，最好再满足三个条件：吃不饱、吃不累、吃不胖。只有这样，才能保证我们吃不厌、吃不怕、吃不懒地吃下去。

咸香脆的亲民零食：
香脆花生米

油炸花生米，可谓人见人爱的一款百搭零食，别看是道不起眼的小菜，却亲民得不得了。下酒、拌面、佐餐无处不在，没有它不是不可以，但是有了它，增加的滋味就不只是那么一点点儿。

材料

主料：生花生米 300g
调料：植物油 2 茶匙、白酒少许、盐适量

准备

将花生米用清水洗去浮尘，用滤网捞起，放在通风处自然晾干；

私房秘籍

1. 洗净的花生米一定要充分晾干，再进行下面的操作；

2. 油不需要太多，保证每颗花生米都沾到油即可；

3. 加点酒不仅提香，还可以使花生更脆；

4. 喜欢甜的口味，可以用糖代替盐。

做法

❶　控干水分的花生米放在盘中，淋 2 茶匙植物油，用筷子拌匀，使每粒花生都裹上油；

❷　拌过油的花生米平铺于盘底，尽量不要重叠，将盘放入微波炉，700W 微波火力加热 1 分钟，将盘子取出，可以看到花生米的红衣开始变脆，用筷子将花生米逐个翻拌；

❸　700W 微波火力再次加热 1 分钟后，再次翻拌 1 次，加热 1 分钟，此时花生米已经有香味溢出，将盘子取出，趁热浇 1 茶匙白酒拌匀，最后 700W 微波火力加热 30 秒；

❹　出炉后趁热撒适量盐，拌匀，凉凉即可食用。

宴客

根本不发愁

165

复制难忘的小零食：

香辣土豆条

看电视、写稿子、读小说，如果手边儿没有零食相伴，总觉得缺点什么。那些深藏在我们记忆中的小零食，其实做起来也并不难，就像这个香辣土豆条，是我上学时最喜欢的零食之一。几分钟就可以轻松搞定，不含任何添加剂，安全又卫生。

材料

主料：土豆 1 个
配料：小香葱 1 根、植物油 1 汤匙
调料：辣椒粉适量、鸡粉少许、盐少许、黑胡椒粉少许

准备

小香葱切成葱花，土豆洗净、用工具切成波纹条；

私房秘籍

1. 土豆条不要太粗，可以缩短加热时间；

2. 辣椒粉的用量根据个人口味调整；

3. 加热期间可取出翻拌 1 次，再继续加热。

做法

❶　土豆条放入可微波加热的容器中，加入 1 汤匙植物油，翻拌均匀；

❷　根据个人口味加入少许鸡粉和盐；

❸　再加入适量辣椒粉；

❹　拌匀后加入少许黑胡椒粉，翻拌均匀，放入微波炉，700W 微波火力加热 3 分钟，撒上葱花即可。

1. 贴春联；

2. 放鞭炮；

3. 串亲戚；

4. 包饺子。

节日必须很讲究

　　说起年夜饭，这可是咱老百姓最关注的大事了。大年三十吃得丰盛，既是对自己一年辛苦的奖赏，更是对来年丰衣足食的好彩头，可不能马虎。家人朋友聚在一起辞旧迎新，喜气祥和是除夕家宴的主旋律。

过新年，
和乐融融

富贵有"鱼"团年菜：
豉汁菇片剁椒鱼

俗话说"无鱼不成席"，新年餐桌上，更不能少了一道鱼做的菜，特别是大年三十的年夜饭，一定要有鱼。鱼与"余"同音，在这辞旧迎新的日子里吃鱼，象征着年年有余，寄托着咱老百姓的美好心愿。

材料

主料：鲤鱼 1 条（重约 500g）
配料：鲜香菇 7 朵、豆豉适量、姜 3 片、葱 1 根、剁椒 2 大勺
调料：油 1 大勺、葱姜蒜粉适量、鸡精少许、料酒 1 大勺、蚝油 1 大勺、蒸鱼豉油 1 大勺

准备

香菇切片，姜切粗丝，葱切段；

私房秘籍

1. 鱼提前腌渍 20 分钟以上，会使鱼肉更加入味；
2. 剁椒和豆豉的用量根据个人口味调节；
3. 浇热油的一步最好不要省略，热油会使菜的味道更香。

做法

❶ 先将鱼收拾干净，正反面各划 3 刀，均匀撒上适量葱姜蒜粉，涂匀蚝油；

❷ 浇上适量料酒，充分按摩均匀，腌渍 20 分钟；

❸ 取 1 只大盘，将葱姜铺在盘底；

❹ 放入腌渍好的鲤鱼；

❺ 在鱼身上及四周铺满香菇片，撒上适量鸡精；

❻ 在鱼身上铺上剁椒和豆豉，将盘子放入蒸锅，上汽之后，大火蒸 10 ~ 12 分钟即可；

❼ 另起锅烧热油，趁热浇在鱼身上；

❽ 最后烧上适量蒸鱼豉油即可。

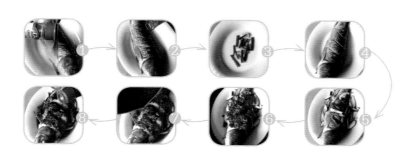

新厨娘玩转美意年菜：

银丝穿元宝

操办家宴，对于厨房经验丰富的人来说，可以游刃有余，而对于刚刚拿起锅铲不久的新厨娘来说，是不是有点犯难了？没关系，简单的做法，为新手厨娘们推荐一款适合新年的应景儿主食：银丝穿元宝。

银丝穿元宝，其实就是饺子煮面，这个说法流行于我国关中、河南等部分地方，新年里，一定要吃一种由饺子与面条同煮的饭，讨"金玉满堂，财源滚滚"的好彩头。银丝与元宝的搭配，不仅听起来让人满心欢喜，吃起来更是口感丰富，让人端在手中爱不释手，吃的是吉祥，吃的是财富，从内到外都会有一种满足感。

对于新手厨娘，饺子和面都可以买半成品，只需花十几分钟加工一下，装饰一下就可以端上桌了。非常简单，却会让客人对你刮目相看哦。

材料

主料：挂面1小把、速冻饺子6个
配料：香葱1根
调料：油少许、盐少许

私房秘籍

1. 如果采用手工面条和饺子，效果会更好；
2. 水量根据材料的多少而定，要充分没过食材为宜；
3. 注意饺子和面不要同时下锅，煮的时间不同；
4. 水中可以加少许盐，以免饺子相互粘连。

做法

① 汤锅注水至1/2处，加入少许油和盐，搅匀；

② 大火煮开，将饺子顺着锅边滑入；

③ 煮至饺子浮起，加入挂面，煮至挂面熟透，吃前撒上葱花即可。

除了鱼，虾也是新年餐桌上的常见菜肴。特别是在广东地区，准备一道虾做菜是一个传统，因为在粤语中的"虾"听起来就像"哈"，寓意着新年笑哈哈，不可缺少。

椒盐虾是非常适合厨房新手的做法，掌握好火候，几乎不会失败。如果不介意油炸食物，可以多放些油，大火将虾炸透，趁热撒上椒盐和白芝麻，外脆里嫩，非常好吃。当然，如果想吃得健康些，也可以少放些油，将炸改成煎，需要一些耐心，直到虾壳变脆、翘起，也很好吃。

红彤彤的虾，必须趁热吃，脆脆嫩嫩的口感很讨人喜欢。新年一起吃虾吧，我们一起笑哈哈。

材料

主料：鲜虾 500g
配料：香菜 1 根、小红辣椒 4 个、白芝麻少许
调料：油 300ml（实际用油 50ml）、椒盐适量、葱姜蒜粉少许、盐少许

私房秘籍

1. 如果没有葱姜蒜粉，腌渍的时候可以用新鲜的葱姜蒜代替；

2. 虾经过提前腌渍，会更加入味；

3. 如果担心油太多，也可以减少油量，将虾煎熟，再加调料拌匀。

做法

① 鲜虾先处理干净、然后清水洗净，控干水分后加入少许盐和葱姜蒜粉抓匀，腌渍 20 分钟；

② 锅中加入足量油，烧至七成热，倒入虾；

③ 炸至虾壳变透明、虾肉变红，盛出滤油；

④ 趁热撒入适量椒盐和少许白芝麻拌匀，以香菜和小红辣椒点缀即可。

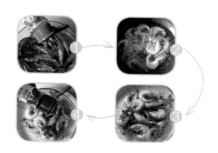

1. 给不在身边的 TA
打个电话；

2. 把自己当做礼
物送给 TA；

3. 浪漫的烛光晚餐
是必备节目。

1. 最省钱的礼物：
送 TA 满天星光

2. 最贴心礼物：默默
为 TA 充满话费

充满玫瑰和巧克力的浪漫情人节，送心仪的 TA 什么礼物好呢？虽说心意胜过礼物本身，但送得合意可以锦上添花，为自己大大加分！

3. 最感动礼物：愿做一
切为 TA 开心

4. 最默契礼物：愿意
与 TA 牵手同行

情人节，
专属浪漫

对于情意浓浓的恋人们来说，情人节，一顿温馨浪漫的烛光晚餐是必不可少的节目。在外用餐自是惬意，但若能亲自为心爱的TA"洗手做羹汤"，准备一桌别有新意的情人节大餐，相信带给TA的，绝不仅仅是惊喜，或许是相伴一生的美好回忆。

拨动心弦的浪漫小菜:

奶香玫瑰蛋饼

奶香玫瑰蛋饼，光听名字，就可以想象出味道，这款蛋饼一改传统口味，玫瑰雪梨酱的加入，入口是淡淡的香甜，幸福的味道更加浓郁。

金黄的蛋饼中，星星点点散落着玫瑰花瓣，看似无意，实则有心，点点滴滴的情意，全部凝结在这细微的动人之处。

材料

主料: 鸡蛋 1 个

配料: 油 2 茶匙、干玫瑰花少许、玫瑰雪梨酱 2 茶匙、奶酪粉适量

准备

鸡蛋打散成蛋液，玫瑰花去花蒂和花心，取花瓣;

私房秘籍

1.蛋液中加入玫瑰酱后，要充分搅拌均匀;

2.要用凉锅凉油煎蛋饼，不易粘锅;

3.玫瑰花瓣一定要撒匀，这样成品才会美观;

4.奶酪粉的添加视个人口味决定。

做法

① 蛋液中加入玫瑰雪梨酱，搅拌均匀;

② 煎锅刷一层油，倒入蛋液，摇匀;

③ 撒入干玫瑰花瓣;

④ 玫瑰花瓣要撒均匀，平铺蛋液表面;

⑤ 加入适量奶酪粉;

⑥ 小火加热，盖上锅盖，大约 3 分钟关火，再闷 1 分钟即可。

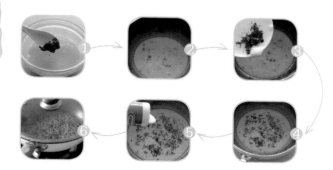

节日必须很讲究

179

普通的大虾，怎样吃出浪漫，用甜蜜玫瑰雪梨酱腌渍虾肉，再均匀包裹一层奶酪粉，最后入炉焗烤。这样步步精心的料理，它还在烤箱中的时候，就已散发出让人无法抗拒的香气。

待收入盘中，扑面而来的热气中夹杂着鲜香、奶香、花香，那种诱惑的冲击力会让人迫不及待地舞动起刀叉。虾肉在齿间咀嚼，芬芳会留在唇间，闭起眼睛，用心感受这情人节的动人味道。

材料

主料：大虾 10 只

配料：橄榄油少许、玫瑰酱 2 大勺、奶酪粉适量、黑胡椒粉少许、盐少许

准备

大虾剪去虾须，剔除虾线，留下头尾，将中间部分的虾壳去掉；

做法

① 将处理好的虾，用玫瑰酱、少许盐和黑胡椒粉腌渍 10 分钟以上；

② 烤盘铺锡纸，倒入少许橄榄油，抹匀；

③ 将腌渍好的虾及腌酱一同放入烤盘中；

④ 表面撒适量奶酪粉，烤箱 180℃预热，放入中层，烤 10 分钟左右即可。

私房秘籍

1. 虾的中间部分去除虾壳腌渍，会使虾肉更加入味；

2. 腌渍的时间最好不要少于 10 分钟，腌渍越久，味道越足；

3. 锡纸上涂一层油，可以使烤出的虾肉更加嫩滑；

4. 烤至的时间仅供参考，具体时间视自家烤箱实际温度而定，烤至虾肉变色即可。

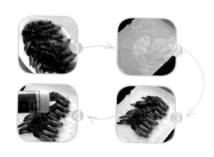

　　缺少甜品的一餐是不完整的，更何况是浪漫的情人节大餐，绝不能少了幸福的甜蜜滋味。一桌美味的大餐，以甜品收尾，不仅会让人在胃口上更加满足，在心情上更加愉悦，也会留给大家一个温馨甜蜜的回味。

　　晶莹的玫瑰布丁，如朵朵玫瑰在盘中绽放。流转的色泽，润滑的口感，甜蜜的味道，舌尖偶尔还会碰触到点点细碎的玫瑰花瓣，这就是玫瑰布丁带来的梦幻般的感受，是不是让人想起，相恋是那般美好。

材料

主料：干玫瑰花 20g、玫瑰花酱 2 茶匙
配料：琼脂 4g

准备

琼脂剪小段，用冷水泡软；

私房秘籍

1. 琼脂需提前用冷水泡软，颜色呈半透明方可使用；

2. 泡茶时玫瑰花苞尽量多一些，茶汤的颜色会深些；

3. 玫瑰酱的加入，会使布丁的颜色更漂亮；

4. 琼脂要用小火熬，不停搅拌，全部熔化之后再定型。

做法

① 玫瑰花冲入 800ml 开水，泡玫瑰茶汤待用；
② 泡软的琼脂放入锅中；
③ 加入泡好的玫瑰茶汤；
④ 加入 2 茶匙玫瑰花酱；
⑤ 小火加热，一直搅拌至琼脂完全熔化；
⑥ 温度稍降之后，将溶液倒入布丁模具，送入冰箱冷藏定型。

1. 为朋友和家人寄去自己亲手制作的礼物;

2. 在雪地里堆个小雪人，许下美好的愿望;

3. 没有什么比亲手做的圣诞大餐更有诚意;

4. 期待圣诞之夜的有多多的礼物从天而降。

烤火鸡

熏火腿

圣诞蛋糕

姜饼人

一年一次的圣诞大餐，食物的丰富程度往往让人目不暇接，不仅种类繁多，色彩也缤纷。虽然在中国圣诞节远远不及西方那么隆重，但那些专属节日的传统食物，是一定不可少的。

【烤火鸡】

在西方人眼中，没有火鸡的晚餐就算不上圣诞晚餐。火鸡是美洲特产，在营养价值上有着"一高二低"的优点，蛋白质含量高，脂肪和胆固醇含量低，并且营养丰富。火鸡在国内并不容易买到，没关系，即使没有火鸡，烤一只胖点的鸡，应应景也不错。

【熏火腿】

熏火腿应该是圣诞大餐中最传统的正菜了，吃着方便，也容易保存。甜味酱汁是熏火腿的完美搭配，烟熏和甜蜜，融合得恰到好处。

【圣诞蛋糕】

圣诞蛋糕的最大特点就是口味浓郁、色彩缤纷，似乎只有这样，才能够与这个流光溢彩的节日相得益彰。几乎每个家庭都会有独特的圣诞蛋糕款式，繁杂是装饰承载着每个人对彼此的祝福，分享，就是快乐。

【姜饼人】

有故事的姜饼人是德国最著名的传统圣诞饼干，不仅风味独特，还有驱寒的作用。可爱的造型也往往会受到小孩子们的青睐，是圣诞节里不可缺少的小点心。

【葡萄酒】

色泽醉人的葡萄酒也是圣诞节必备的饮品，有的人还喜欢在酒中加入肉桂、蜂蜜、柠檬、水果等，然后加热饮用，让看似普通的葡萄酒在节日里变得与众不同，为餐桌平添几分浪漫。

随着越来越多西方的节日传入中国，浪漫的圣诞节也成为最受欢迎的节日，在这个温馨的时刻，亲手准备一桌圣诞大餐，与最爱的人一同享用，共同感受着西方节日的幸福，感受着生活的美好。

五花八门的西餐未必适合我们的中国胃，何不借着节日的氛围，精心制作几款更适合自己和家人胃口的中国式圣诞菜肴呢？贴心贴胃的量身定做，温暖了胃，更温暖了心。

圣诞节，
尽情狂欢

圣诞前奏：

以甜蜜开场的糖霜桃仁

西餐中讲究前菜，中餐中讲究餐前小食。在等待上菜的漫长时间中，如果能有一些既精致又可口的小零食打发时间，一定会变得精致而充满趣味。

餐前美味，不需多隆重，但要在味道上体现出别致，清而不淡，香而不腻，让人无负担地享用。比如这款甜蜜的糖霜桃仁，以它作为开场，一定会带给人愉悦的节日心情。

材料

主料：核桃仁 560g

配料：冰糖 40g、清水 30g、白芝麻适量

节日必须很讲究

187

私房秘籍

1. 如果冰糖块太大，最好先敲碎，以便缩短熔化的时间；

2. 熬糖水的时候要用小火，并且不停搅拌，以免煳锅；

3. 桃仁倒入锅中之后，要继续保持小火，并快速翻炒；

4. 白芝麻要趁热撒匀，冷却后芝麻就挂不上桃仁了。

做法

① 将冰糖和水倒入锅中，小火加热，一边慢熬，一边不停地搅拌，直至糖水开始冒小泡泡；

② 将核桃仁倒入锅中，迅速翻炒，炒至糖汁收干，桃仁挂满糖霜，趁热倒出，撒上少许白芝麻即可。

挑动味蕾的缤纷火腿彩椒盅

前秦是等待开餐的零食，那么序曲，自然就指我们通常所说的开胃菜了。我们都有这种感受，大餐开始，需要一些口感清爽、味道清新的食物来打开胃口，只有胃口打开，才会有更多的空间，以及更放松的心态去迎接后续的美味。

所以说，头盘最主要的作用就是挑动味蕾，勾起你的食欲。头盘多为冷盘，沙拉居多，可荤可素、可甜可咸。分量不在于多，但味道一定要精巧，不能够太浓烈，但必须要有一点小刺激，让人在吃下去的那一瞬间，充分调动起食欲来。

这里盛放沙拉的盛器打破常规，采用彩椒盅，这也是我的一个偷懒小窍门。但凡找不到合适容器的时候，尝试使用某些食物来做盛器是个很讨巧的做法，不仅让人感到你的心意别致，还免去了洗刷碗碟的麻烦，一举两得。

材料

主料：火腿80g、玉米粒50g、青豆50g
配料：红、黄彩椒各1个，柠檬1/2个
调料：沙拉酱1大勺

准备

火腿、彩椒分别切丁；

私房秘籍

1. 火腿、彩椒切成玉米粒大小的丁，拌匀后比较美观；
2. 青豆需要多煮一会儿，彻底煮熟才能食用，以免中毒；
3. 沙拉酱的用量视个人口味而定，不喜欢沙拉酱可换做油醋汁或酸奶；
4. 新鲜的柠檬汁有提味的作用，没有可用白醋替代。

做法

① 锅中烧水，水开后放入青豆，中小火煮熟；
② 将青豆、玉米粒、彩椒丁、火腿丁一同放入沙拉碗中；
③ 加入1大勺沙拉酱；
④ 挤入少许柠檬汁，搅拌均匀即可。

圣诞火鸡本是圣诞大餐不可缺少的部分，早在 **1620** 年，美国人圣诞吃火鸡的习俗就开始了。不过，对于我们来说，一方面，烤制火鸡的工艺相对中式料理复杂些，另一方面，火鸡在中国的超市并不容易买到，所以，对于中国家庭，不妨采用其他材料来替代。

这款冰花梅酱烤鸡翅，是中西合璧的口味，专为那些不勇于接受西餐的中国胃准备的。用冰花梅酱做腌料，借它酸酸甜甜的口味，经过冰花梅酱腌渍的鸡翅，味道酸甜适口、鲜美持久，足可以让人胃口大开。另外，通常鸡翅的油脂含量较大，采用烤的方法，可以将鸡翅中的大量油分烤出来，使得出炉的鸡翅又香又脆，润而不腻，不失为一种健康美味的做法。

圣诞主乐章：
冰花梅酱烤鸡翅

材料

主料：鸡翅 4 个

配料：彩椒 1 个、柠檬 1 个、蒜 2 瓣

调料：冰花梅酱 2 大勺、蚝油 1 大勺、糖 1/2 茶匙、盐 1/2 茶匙、黑胡椒适量、干燥混合香草少许

准备

鸡翅洗净、用刀在内侧划两刀，取 1/2 个柠檬切薄片，蒜切片；

私房秘籍

1. 用刀将鸡翅内侧划两刀，可使鸡翅在腌渍过程中更加入味；

2. 鸡翅腌渍的时间越久，越容易入味，所以最好腌渍过夜；

3. 腌渍鸡翅最好采用密封袋或保鲜盒，不易串味，不易变质；

4. 如果家中没有烤箱，也可用平底锅将腌渍好的鸡翅煎熟。

做法

① 将冰花梅酱、蚝油、糖、盐、黑胡椒、混合香草搅拌均匀，涂抹在鸡翅外侧，用手充分揉匀后，将鸡翅与柠檬片、蒜片一同放入密封袋，腌渍过夜；

② 取出腌渍好的鸡翅，放在烤架上，剩余的汤汁浇在鸡翅上，烤箱 170℃预热，放入中层，烤约 50 分钟，最后 10 分钟时放入切大块的彩椒，烤至微焦。

真正感受到生活的快乐，大概就
是从爱上美食开始吧，我喜欢做饭，
享受那个将五花八门的食材变换成各
种菜式的过程。在如今的速食年代，
或许很多人觉得下厨是件费时费力的
事情，但对我而言，厨房是可以让我
发挥灵感、实现创意、收获美好的空间。
与家人和朋友围坐在餐桌前共享美味
的时刻，更是让我无法割舍的温暖。